# 牛跛行与护蹄

# Cattle Lameness and Hoofcare

## 第3版

## Third Edition

[英]罗杰 · W. 布劳维（Roger W. Blowey） 著

马翀 高健 曹杰 李靖 译

中国农业出版社
农村读物出版社
北 京

**图书在版编目（CIP）数据**

牛跛行与护蹄：第3版 /（英）罗杰·W.布劳维 (Roger W. Blowey) 著；马翀等译．—北京：中国农业出版社，2022.9

书名原文：Cattle Lameness and Hoofcare, Third Edition

ISBN 978-7-109-29942-9

Ⅰ.①牛… Ⅱ.①罗… ②马… Ⅲ.①牛病－蹄病－防治 Ⅳ.①S858.237.11

中国版本图书馆CIP数据核字（2022）第163046号

Published in English by 5m Publishing, 8 Smithywood Drive, Sheffield UK
www. 5mpublishing. com

合同登记号：图字01－2022－4905号

NIU BOXING YU HUTI

---

中国农业出版社出版
地址：北京市朝阳区麦子店街18号楼
邮编：100125
责任编辑：刘 伟
版式设计：杜 然 责任校对：周丽芳 责任印制：王 宏
印刷：北京中科印刷有限公司
版次：2022年9月第1版
印次：2022年9月北京第1次印刷
发行：新华书店北京发行所
开本：787mm × 1092mm 1/16
印张：10.25
字数：210千字
**定价：168.00元**

---

# 第3版序

尼尔·切斯特顿（Neil Chesterton）

罗杰·W.布劳维（Roger W. Blowey）为什么要再版本书？作为罗杰的朋友，我想我知道答案。这是因为我们对跛行和护蹄的认识和理解在不断改进，可以肯定地说，在过去的十年中取得了很大进步。

为什么罗杰能写蹄病专著？因为他是蹄病研究和新思想的先驱之一。当涉及牛蹄时，罗杰不只是有想法，还与他人开展合作并为合作者提供帮助。他对知识精益求精，例如最新的蹄垫设计、浴蹄设施的设计或修蹄等均有自己的见解。他甚至痴迷于将通过截指（趾）术截掉的病指（趾）切开观察其内部病变，记录并测量其变化，以便认清别人没考虑过的东西。

当您阅读本书第3版时，您会发现其较上一版多了许多新想法和大量新知识。对于新西兰和澳大利亚的同行，本书的主要用途之一是学习如何控制蹄皮炎以及一些新蹄病及相关知识，如蹄尖坏死。我们还需要了解对奶牛跛行及时处理的重要性，从而避免蹄骨发生严重且不可逆的变化，这些知识在本书中已有详细表述。我想无论是经验丰富的从业者还是对牛跛行感兴趣的学生，都会在阅读本书的过程中学有所获，尤其是奶农和牧民，对他们来说，跛行的预防和治疗是其日常工作重点。我也乐在其中。

我们希望这本书能够激发我们所有人继续保持类似的探究思维，并提出想法、进行研究，以便更好地寻找契合点。

尼尔·切斯特顿<br>英格伍德<br>塔拉纳基<br>新西兰

# 第1版序

彼得·克洛斯特曼（Peter Kloosterman）

在过去25年中，现代奶牛养殖业已经发生了诸多变化。牛舍设计、饲喂方式等方面变化尤为明显，这对奶牛产生的影响是多方面的，不仅限于产奶量。现在，奶农期望从牧场获得更高收益。

因此，牧场管理越来越重要。奶农可以通过合理饲喂、保持牛舍的干净和干燥、浴蹄和选育，以尽可能地减少蹄病和蹄部问题。本书所述的管理，其中一部分主要内容就是护蹄。

我想重点强调预防性修蹄的必要性。众所周知，蹄角质过度生长并最终导致蹄底溃疡、白线病等可引起奶牛跛行。定期护蹄可预防蹄底溃疡。如果有严重的蹄底挫伤，奶牛会改变其姿势和步态，以缓解疼痛。奶农可以自行发现奶牛的这些表现，为修蹄提供合理依据。要记住：防重于治!

在荷兰，人们普遍认为应该给奶牛定期修蹄，每年2次，最好是在春季和秋季。即使如此，蹄叶炎仍是需要重点关注的一个问题。在成为群发性问题时，很难做到个体预防。在本书中，罗杰·W.布劳维（Roger W. Blowey）清晰地阐述了蹄病、蹄病护理和预防等内容。

有幸读到本书，我觉得它对牛场开展的护蹄工作具有重要指导意义。

彼得·克洛斯特曼

护蹄培训师

荷兰弗里斯兰奶牛培训中心

# 译者序

陈家璞教授曾言："有人说，'无蹄则无马'，这句话用于奶牛，更为恰当。"跛行是奶牛场常见多发的问题之一，也是影响奶牛利用年限的重要因素，可给牧场造成巨大经济损失。在过去20年，奶牛肢蹄病的研究和临床实践发生了诸多变化，甚至有些是颠覆性的观念改变。随着对病因病机研究的深入、新疾病的发现、饲养管理模式的转变，奶牛跛行的防控理念也随之不断更新。

当高健副教授和刘伟编辑将本书交给我，并告知出版社已与作者谈妥版权事宜，希望能够组织人员翻译时，我感到十分荣幸，也十分惶恐。荣幸的是，因为国内奶牛肢蹄病方面的专著为数不多，如能将本书准确地译为中文，无疑可为行业提供更多参考，且在翻译过程中可系统梳理自己对蹄病的理解；惶恐的是个人能力有限，恐难以如实反映文中之意。

Roger W. Blowey先生作为兽医外科学和奶牛疾病临床大家，曾兼职于利物浦大学、剑桥大学等多所高校，著述之丰足以让人仰止，在欧洲久负盛名。其所著*Cattle Lameness and Hoofcare: An Illustrated Guide*一书分别在1993年、2007年和2015年出版第1、2、3版，本书即第3版的中文译本。此外，Roger W. Blowey先生所著的*The Veterinary Book for Dairy Farmers*已于2016年出版至第4版，*Mastitis Control in Dairy Herds*于2010年出版第2版。作为RCVS 牛健康与生产专家，因其对行业的杰出贡献，Roger W. Blowey先生曾获得皇家兽医学院奖、RASE Bledisloe 兽医奖和 BVA Dalrymple-Champneys 奖等荣誉。

据我所知，国内上一本翻译的专著为1985年陈家璞教授和邹万荣教授合译，加拿大萨斯卡其温大学的Paul R. Greenough教授所著的《牛跛行》(第2版)。其后，齐长明教授和陈家璞教授在1997年合著并出版了《大家畜肢蹄病》，齐长明教授与于涛、李增强两位作者在2007年合著并出版了《奶牛变形蹄与蹄病防治彩色图谱》，刘云教授和王春璈教授在2016年合著并出版了《现代规模化奶牛场肢蹄病防控学》等。与其他疾病相比，奶牛蹄病相关的专著可以说寥寥无几。

翻阅原版后，特组织高健副教授、曹杰副教授和李靖副教授参与本书的翻译工作。高健副教授和我在回到中国农业大学任教前均有在奶牛养殖企业工作的经历，曹杰副教授自博士在读期间就长期服务于牧场。本书开始翻译时，恰逢李靖副教授自美国堪萨斯州立大学取得DVM学位回国任教不久，肉牛疾病也是李靖副教授的研究领域之一。在此，对三位老师的辛苦付出表示感谢！

本书第一章至第三章由李靖副教授主译，第五章后半部分由曹杰副教授主译，第六章由高健副教授主译，其余部分由我主译，最终由我统稿。经与中国农业出版社的编辑刘伟女士商定，索引部分改为中英文词汇对照表，以便读者阅读和使用。

本书系统地阐述了跛行对牧场的影响（第一章）、蹄部解剖及蹄病的病因病机（第二章、第三章和第六章）、常见蹄病（第五章）和跛行管理（第四章和第六章），可让读者更清晰地理解蹄病，但书中稍显不足的是缺乏肢病内容。本书适用于牧场管理者、修蹄工作者、牧场兽医、兽医专业院校教师和学生学习与参考。

翻译过程中，由刘伟女士组织专家对初稿进行审阅并提出了诸多宝贵的修改意见，刘伟女士在本书成稿过程中付出了大量的心血。付梓之际，我代表本书翻译团队对审阅专家及刘伟女士深表谢意！

由于译者水平所限，书中难免存在错误及翻译不妥之处，也希望读者提出宝贵意见。

马　翀

2022年6月于北京

# 第3版前言

在筹备第三版时，我对如此之多的新进展，以及自己在这8年间所学到的丰富知识感到惊讶。主要进展包括：指（趾）枕的结构与功能，以及奶牛体况对其影响的研究更加深入；与蹄底溃疡和其他长期病变相关的蹄骨变化情况，奶牛跛行早期识别的重要性，以及跛行需要及时有效的处理；蹄皮炎由密螺旋体感染侵入真皮所致，以及所谓的“非愈合性”病变——如蹄尖坏死和蹄壁溃疡。在预防跛行方面，各种影响因素的重要性也发生了转变，对营养和饲喂的重视程度降低，应更多关注散栏式饲养模式中头胎牛的卧床使用训练、卧床的舒适性、垫料、每头奶牛所占的有效面积（特别是通道宽度）、放牧牛群通道的设计和管理、日常牛群转群与活动。对于感染性蹄病，最大的进步是根据需要增加浴蹄的频次（每天2次），以及对青年牛和干奶牛浴蹄的重要性。很多管理良好的大型牧场，跛行率正在下降。跛行可以控制！

我希望本书的再版能够对同行起到带动和示范效应。

罗杰·W. 布劳维

2015年5月

# 第2版前言

起初，我只想简单地重印本书并努力争取几年后再版。但当我查阅了近十年的新资料后，认为直接再版更好！自1993年第1版付梓后，蹄部的基本解剖结构没有新的研究进展，但我们对蹄病发病机制的理解更加透彻，尤其是奶牛产犊前后所发生的变化。这也是在1998年再版时更新的内容之一，本版又进一步修订了相关内容。

书中大部分新内容来自反刍动物蹄病国际研讨会，该会议每2年在世界不同地点举办一次。历届会议都很出色，我要感谢许多参会的同行，他们发表了会议论文并与我一起讨论他们的研究成果。

我在本书中增加了一些新内容，论述了蹄踵溃疡和蹄尖坏死等新发现的蹄病，且增加了插图的数量。我们知道彩色图片非常有助于读者更好地理解文字内容，因此，采用更多彩色照片必然会提高本书的质量。本书旨在帮助从事生产实践的奶农、兽医和修蹄工，即每天在牧场面对奶牛跛行问题的人。如果本书能帮助他们提高对跛行的理解，或者甚至只是激发他们改变现状的热情，那么我会感到十分欣慰。

罗杰·W.布劳维

格洛斯特

2007年3月

# 致谢

## 第1版致谢

本书中几乎所有照片都是在我日复一日出诊的过程中在牧场所拍摄，我想再一次感谢格洛斯特郡奶农们的耐心和理解，他们经常在我不方便的时候自己来取相机拍照！

特别感谢简·厄普敦（Jane Upton），是她对图表做了精心处理；以及凯瑟琳·戈德勒（Catherine Girdler），她非常熟练地完成了原稿的录入工作。两人都为本书出版付出了辛勤的劳动。

我还要感谢鲍勃·沃德（Bob Ward）的指导性讨论，感谢大卫·洛格（David Logue）、苏珊·肯普森（Susan Kempson）、詹妮特·奥康奈尔（Janet O'Connell）和大卫·佩珀（David Pepper）允许我使用他们的资料，感谢奥德·庞德农业出版社（Old Pond Publishing and Farming Press）的工作人员在准备第2版和原书期间的耐心和帮助，当然还要感谢彼得·克洛斯特曼，他非常友善地阅读了手稿并作序。感谢兽医记录和沃尔夫出版社（The Veterinary Record and Wolfe Publications），他们此前在《牛病彩色图谱与兽医自我测评实践》（*In Practice, A Colour Atlas of Diseases and Disorders of Cattle and Self-Assessment Tests in Veterinary Medicine*）一书中出版了一些图片。最后，感谢我的妻子诺尔玛（Norma）的长期包容、忍耐和支持。

## 第3版致谢

我要感谢我的许多同事，他们为本书提供了建议和信息，特别是过去几年和我一起开设培训课程的尼克·贝尔（Nick Bell）。还要感谢那些继续允许我自由出入拍摄牛蹄和牧场的奶农；感谢利物浦感染生物学学院（The Liverpool School of Infection Biology）的同事们，他们对我完成蹄皮炎研究项目给予了大力协助，并授予我名誉研究员的荣誉；衷心感谢我的妻子诺尔玛，是她在过去的岁月里一如既往地默默支持我完成本书。

献给我的父母！

# 目录

# 第一章

# 跛行的影响及其经济损失

## 跛行的影响

每个养殖者都知道，跛行是给奶牛场造成经济损失的一个主要原因。这种“损失”有三个主要组成部分：经济损失，如产奶量减少、繁殖力降低、其他疾病的发病率升高和早期淘汰风险增加；与慢性跛行奶牛的治疗和饲养相关的人工成本；以及患牛个体的福利成本。无疑，跛行是一个重要的福利问题。跛行是影响牧场利润的第三大原因，仅次于乳房炎和繁殖障碍。

对于有治疗意义的奶牛，常伴有体重显著下降、产奶量下降，以及泌乳早期慢性病例的繁殖力受到影响等情况。此外，还有治疗期间产生的劳动力成本以及兽医诊疗费用。如果使用抗生素，牛奶还可能会废弃处理。

作者在英国参与的一项涉及超过1 100头奶牛的多年研究表明，平均每个跛行病例，从轻度蹄皮炎（DD）到更严重的蹄底溃疡，会导致每胎次产奶量下降400升，且在跛行症状第一次被发现前的4个月即表现出产奶量下降（49[*]）。这表明，在患牛表现跛行症状之前，蹄部就已经发生了改变。

同一研究还表明，参试牛群中产奶量较高的牛更易发生跛行，许多文献也显示了相似的高产奶量和跛行之间的相关性。由同一组研究人员对1 824头跛行奶牛进行的第二项研究表明，蹄底溃疡可导致患牛产奶量下降570升，白线病可导致患牛产奶量下降370升。虽然结果的差异不显著，但研究还发现对于每一例已治疗的蹄皮炎奶牛，产奶量增加了1升。

跛行奶牛最显著的变化之一是体重下降。令人惊讶的是，有多少奶牛在体重快速下降的情况下继续产奶，特别是在跛行的初期。那些在挤奶厅外有电子饲喂站的奶农常说，在观察到跛行症状前24小时可见精料采食量下降。正如本书后面的章节所述，当奶牛体重下降时，更易发蹄底挫伤和跛行。

在放牧牛群的研究（52, 103）中，发现跛行奶牛的躺卧时间较长，采食时间较少，即使在采食时，采食速度也较慢。然而，另一项研究表明，尽管跛行奶牛在卧床上的躺卧时间更长，但每次采食时，其采食量大于非跛行奶牛（73）。跛行奶牛的防卫能力变

---

* 括号中的数字代表参考文献序号。

差会导致其在牛群中的地位下降。它们往往最后去采食，进入奶台的次序靠后（这意味着它们每次挤奶时站立时间更长），且在挤奶厅里比非跛行奶牛表现得更敏感。

同样，跛行奶牛的繁殖力也受到影响。对萨默赛特（33）的17个奶牛场中427个跛行病例的详细研究表明，患牛较健康牛的胎间距长0～40天（平均14天），差异取决于奶牛首次发病时的泌乳阶段、跛行的原因及其严重程度。当然，有些奶牛无法治愈，可导致淘汰率升高。受跛行严重程度的影响，产奶量可下降1%～20%。

泌乳后期患有轻度腐蹄病和蹄皮炎的奶牛容易治疗，且对产奶量几乎没有影响。但对于严重的蹄底溃疡并继发舟状骨关节囊或蹄关节感染的奶牛，造成的经济损失较大。

## 通过步态评分评估跛行状况

我们曾一度认为奶牛跛行都会有明显的临床表现，患肢抬起，且不负重。现在人们认识到可以通过观察奶牛运步时的状态更早发现跛行患牛。这一方法称为“步态评分”，如果通过这种方法评估牛群，可确定牛群整体的肢蹄健康状况。已有几种步态评分方法用于评估跛行状况，一种是由斯普雷彻（Sprecher）（92）提出并使用的：

1分：健康。奶牛站立、行走状态下背部平直，可大步幅前进。

2分：轻度跛行。站立状态下背部平直，运步时弓背，步幅较短。无明显跛行症状。

3分：中度跛行。站立和运步时均呈弓背状态。步态拘谨，可观察到患肢减轻负重。当患肢负重时，头低。

4分：严重跛行。站立和运步时均呈弓背状态，患肢明显减轻负重。患牛移动缓慢，运步过程中经常驻立，并有疼痛表现，如体重减轻、磨牙和流涎。

5分：极严重跛行。弓背，无法行走。患肢完全不负重。

DairyCo UK（106）提出了改进的4分制步态评分法，即：

0分：运步时背部平直，步幅长而均匀。

1分：步幅较短或步幅长短不一，患肢表现不明显。

2分：弓背，患肢跛行表现明显。

3分：更加严重的跛行；无法跟上牛群的平均速度或人类步行速度。

## 跛行的发病率和患病率

发病率是指在一段时间内（例如一年）记录的病例数量。

例如，在记录良好的牛群中患牛每年占4%～55%（91），平均每年每100头奶牛约50例。“1例”的定义是一肢患病1次，所以如果1头奶牛两后肢同时发生跛行，则计为2个跛行病例。发病率差异如此之大的一部分原因是调查材料来源不同。如果使用兽医诊疗记录，则得到的发病率较低（4.7%～5.5%）（44, 90）。然而，结合兽医和牧场治疗记录，在英国牛群中，每年经治疗的跛行牛比例约占25%（5, 104）。由于很多奶牛需要矫形性修蹄，从20世纪80年代末至90年代初（61）一直持续到21世纪，这一发病率持续了多年。

患病率是指在任何一次现场观察时发现

的跛行牛比例，例如对全群进行步态评分（正在成为一种群体状况评估的通用方法）时。例如，在2007年的一项研究中，Barker（107）发现在205个英国奶牛场跛行的平均患病率（步态评分2 + 3）为36.8%，范围为0 ~ 79.2%。同样，Huxley（108）报道了一个有机牛场的跛行患病率为24%；Haskell（109）报道放牧牛群中患病率为15%，舍饲牛群的为39%。

人们可能会问，为什么经过这么多年的研究，跛行的发病率并没有下降？这没有准确答案，但很可能是因为跛行的影响因素（如产奶量提高、高精料饲喂、从散放模式变为散栏模式）已经逐步成为奶牛养殖业的一部分。此外，蹄皮炎（1972年首次报道于意大利，1985年报道于英国）现已普遍流行，其各种表现形式的病例在跛行牛中高达30%。例如，在英国的一项研究（22）中，记录的跛行总发病率每年每100头中约有70例，蹄底溃疡、白线病和蹄皮炎的发病率相似，每年每100头牛中约有12例，其中腐蹄病略低，每年每100头牛有7例。

在另一项连续跟踪3年的50个英国牛场的研究中（3），35%的奶牛发生跛行，发病率为每年每100头奶牛中有6.8例蹄底溃疡、5.4例白线病、6.3例蹄皮炎（DD）和5.6例其他蹄病。2007—2008年，DD已经越来越受到重视，因为可造成非愈合性蹄损伤，其中许多需要通过截指（趾）术进行治疗。相关内容将在第五章详细讨论。

1982年的一项调查（90）显示，肢病仅占跛行病例（主要是分娩损伤）总数的12%，88%的跛行病例为蹄病。其中，大多数（86%）在后蹄，外侧趾（85%）最易发病。因当时前蹄保定和处理更难，可能造成“前蹄发病不太常见”这一假象！

## 跛行所致的经济损失

产奶量损失——每头跛行牛约400升，以及跛行对繁殖和淘汰率的影响已在前文中描述。在一项对跛行造成总损失的评估研究中，艾斯勒蒙特（45）估计跛行使英格兰和威尔士的奶牛养殖业每年损失9 000万英镑（1990年），或者说牛群中的每头奶牛损失31.50英镑！艾斯勒蒙特还通过对典型病例的研究估算了跛行的平均损失，1例蹄底溃疡的经济损失为227 ~ 297英镑，指（趾）的疾病（包括白线病、蹄底脓肿或蹄底刺伤）为139 ~ 153英镑，指（趾）间的疾病为24 ~ 58英镑[包括腐蹄病、指（趾）间皮炎、指（趾）间皮肤增殖等]。这些经济损失主要与疾病的发生时间相关，发生跛行时奶牛的泌乳天数越短，对繁殖率和淘汰率的影响越大。

这些数据没有考虑奶牛福利，也没有考虑养殖者在治疗、饲养和管理患牛时增加的工作量和治疗失败造成的淘汰。随着奶牛养殖业的发展，虽然成本和盈利能力发生了变化，但跛行造成的损失依旧十分明显。

## 关于本书

对于这种巨大的经济损失，我们能做些什么呢？

本书的目标是：

• 让读者更好地理解牛蹄解剖结构及负重面的重要性。

• 了解蹄壳过度生长过程中发生的变化及其如何导致蹄部失衡；讨论并明示修蹄原则。

• 描述并图示各种导致跛行的蹄病。

• 讨论每种蹄病的常规治疗方法。

• 讨论引起跛行的各种原因和跛行预防的要点。

# 第二章

# 牛蹄的结构、功能和炎症（蹄真皮炎/蹄叶炎）

## 牛蹄的解剖结构

本书将使用许多专业术语，这是为了更准确地表述而非迷惑读者。在此，需对这些专业术语进行释义，本书后面的内容中会反复用到这些术语，我们希望它们更容易理解，以使读者在阅读过程中不会感觉过于晦涩。

牛蹄有两个指（趾）：外侧指（趾）和内侧指（趾）。图2.1为牛的右后蹄的蹄底侧视图和外侧视图。注意外侧趾略大于内侧趾。与之相反，前蹄内侧指大于外侧指。每个指（趾）的蹄壁分为远轴侧壁和轴侧壁，指（趾）间隙旁为轴侧壁。两指（趾）之间的缝隙称为指（趾）间隙，蹄踵由指（趾）间隙分为两部分。蹄壁的前表面（背侧），从蹄冠到指（趾）尖，称为蹄前壁，后侧为蹄踵（掌侧或跖侧）。

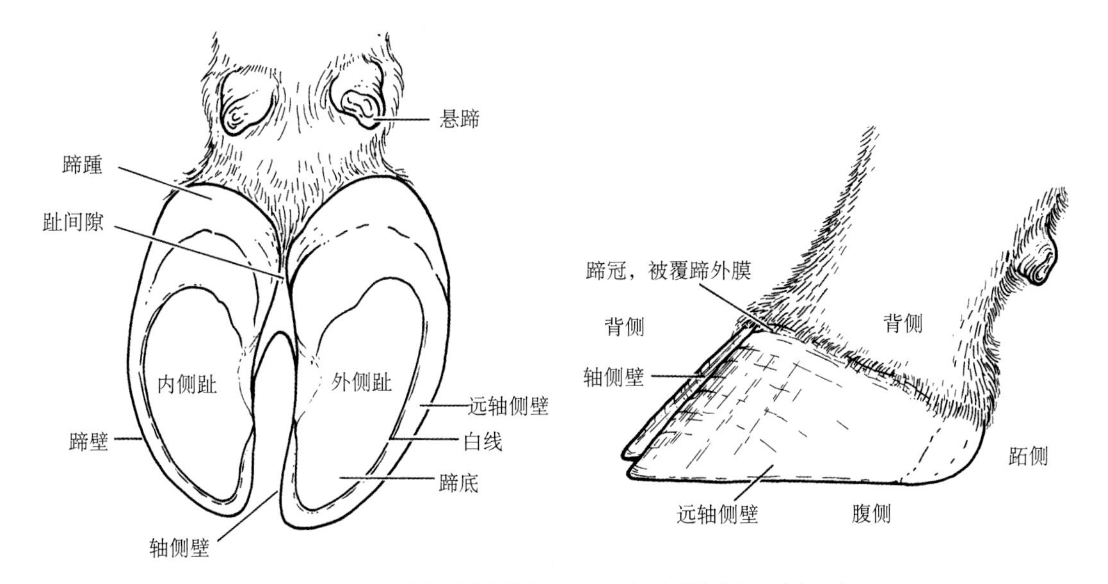


图2.1　右后蹄的蹄底侧视图（左图）和外侧视图（右图）

牛蹄的两指（趾）相当于人手的中指和无名指（图2.2）。然而，不同于人类的指甲只覆盖了手指的前表面，牛的蹄壳完全覆盖指（趾）的末端。人的食指和小指相当于牛的悬蹄，而牛完全没有拇指。

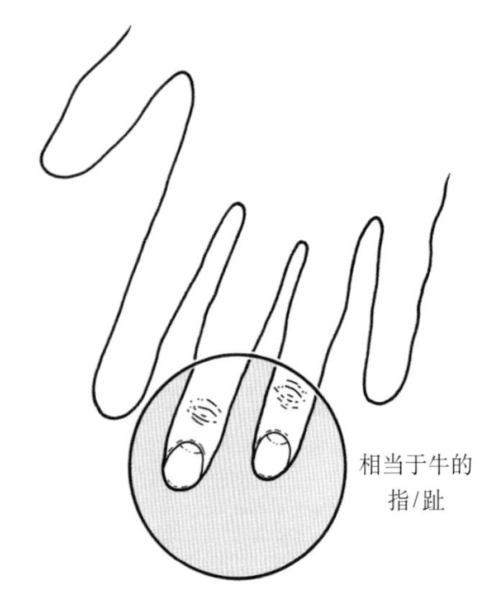

图2.2 人手与牛蹄的对比

指（趾）由三种基本组织组成（图2.3）。由外向内依次为：

• 蹄壳（=表皮），是蹄的硬外壳。

• 蹄真皮（=真皮）包含神经和血管，生成蹄壳的过程中供给营养；并作为支撑结构，使蹄骨悬于蹄壳内；同时为蹄骨提供营养并维持其形态；与指（趾）枕紧密相连。

• 蹄骨、舟状骨及相关支撑结构承受来自牛体的重量并将其转移到蹄部。

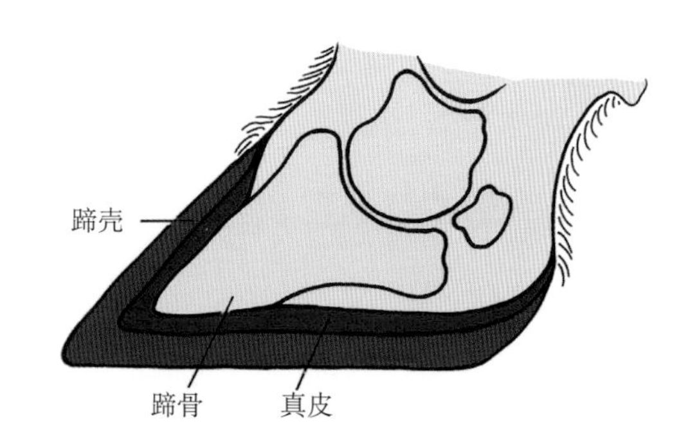

图2.3 蹄的三种基本组织：蹄壳、真皮和蹄骨

皮下组织位于真皮与蹄骨间，有些书中将其单列为一层，包括具有减震功能的圆柱形脂肪垫[指（趾）枕]。本书将皮下组织视为真皮的一部分。

蹄角质是异化的皮肤表层（专业术语为表皮），由含硫的角蛋白构成。蹄真皮是真皮，为表皮下的组织。蹄真皮为蹄壳和蹄骨提供营养，位于表皮下，分泌角质并形成蹄壳。专业资料将蹄壳和蹄真皮细分如下（图2.4）：

■ **蹄壳（表皮）**

• 角质层

• 颗粒层

• 棘细胞层

• 生发层

■ **基底层（位于表皮和真皮间）**

■ **蹄真皮（真皮）**

• 真皮小叶部（小叶真皮）或真皮乳头部（乳头真皮）

• 血管层

• 骨膜层

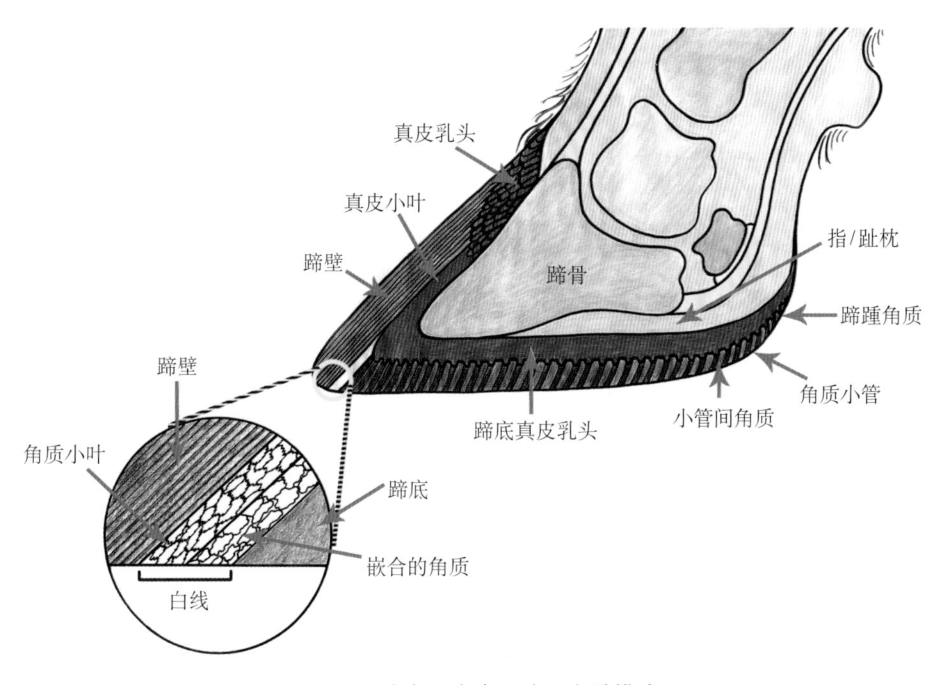


图2.4 蹄壳、真皮、蹄骨和腱模式

## 蹄壳

蹄壳可以分为5个部分：

- 蹄缘
- 蹄壁
- 蹄底
- 白线
- 蹄踵

### 蹄缘

如图2.5所示，蹄缘是蹄壁和蹄冠与皮肤间的无毛软角质部。蹄缘覆于两指（趾）外表面，两指（趾）的蹄缘在蹄踵部相连，是有弹性的皮肤和坚硬的角质蹄壁间的组织。在那些状态良好的蹄壳上，我们可以看见的那层光滑、釉状的表层就是蹄釉。它的作用是防止水分过度流失，从而保持蹄角质的柔韧性。

不幸的是，蹄釉会受到年龄增长和热、干、沙地环境等的影响而弱化。当蹄釉角质受损时，例如，在非常干燥的环境或牛患蹄皮炎时，蹄壁可能会开裂，形成一个垂直裂缝，常称为砂裂（图5.51）。

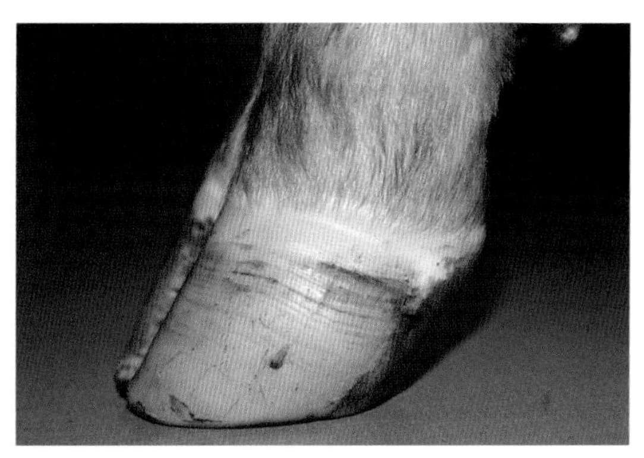

图2.5 指（趾）侧视图，示蹄缘以及蹄前壁与蹄底间形成的角度

## 蹄壁

蹄壁相当于人类的指甲，不同的是它覆盖整个指（趾）的末端，而不像指甲那样仅仅是覆盖在手指的前背侧。与我们的指甲一样，蹄壁在皮肤-角质结合处的真皮乳头部生成，真皮乳头是真皮上小的指状突起，位于蹄冠内侧面。图2.6和图2.7显示了蹄壁在靠近蹄冠的位置逐渐变薄。真皮乳头部表面为生发层，或表皮的生发层，是角质形成相关的微观结构。

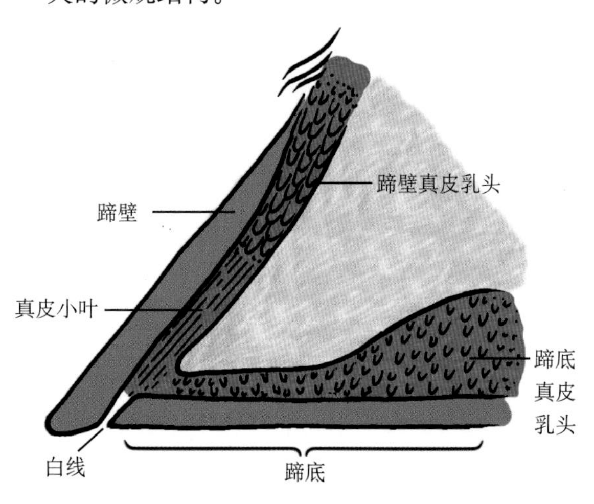


图2.6 蹄矢状面模式图，显示真皮乳头和白线

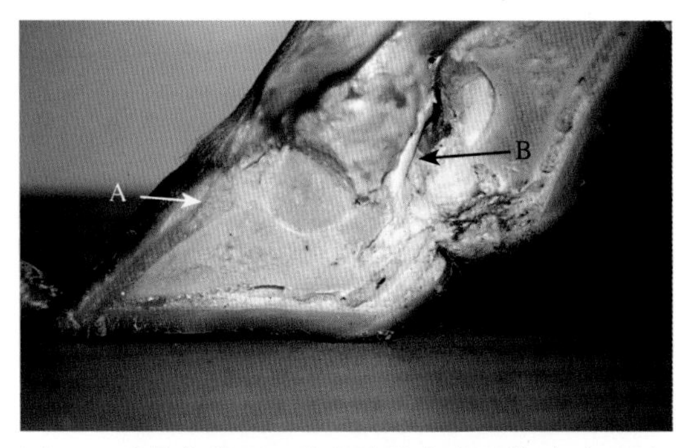


图2.7 蹄的矢状面。注意蹄壁在蹄冠带（A）下方的真皮乳头部逐渐变薄。白色高亮、致密的部分为屈肌腱（B），从舟状骨的后部向下延伸，止于蹄骨的屈肌突

蹄角质由角质小管（源于真皮乳头部的顶端）和小管间角质细胞（源于真皮乳头部的侧面和隐窝）组成。这些细胞充满了具有固化功能的含硫物质（类甲壳物质），这种物质在棘细胞层中成熟并形成角蛋白。角蛋白是一种非常坚硬的物质。角蛋白成熟过程包括含硫氨基酸半胱氨酸氧化形成胱氨酸。蹄壁的大部分由角质组成，成熟的角质十分坚硬。角蛋白也存在于被毛或牙齿的珐琅质中，我们的皮肤表层也含有少量角蛋白。

为了增强蹄壳强度，角质细胞排列于角质小管中，每根小管的生长均始于真皮乳头（图2.8）。我们可以把角质小管看作混凝土中的钢筋。

角质小管是由含角蛋白的小管间角质连接在一起的，小管间角质由真皮乳头的侧面和基部生成（如图2.4和图2.8所示）。在蹄壁上，每平方毫米约有80根角质小管，但越靠近蹄踵，角质越软，蹄壁的角质小管密度也越低。蹄底每平方毫米只含15～20个角质小管，相对而言要软一些，这在修蹄时可感觉到。虽然在图2.4中，蹄底的角质小管要比蹄壁的角质小管粗，但这是不正确的：它们的直径基本相同，只是蹄底的角质小管更少和小管间角质更多。

角质小管在蹄前壁纵向向下生长，在蹄底垂直向下。小管间角质比小管的角质软，但蹄壳内的角质小管数目在出生时就已经固定。这意味着蹄壳是通过小管间角质的增加而增长的，因此成年奶牛的蹄壳大而平，常比青年牛的小而紧凑的蹄壳更软、更脆弱。这是白线病的发病率随胎次倍增的原因之一，例如头胎牛白线病

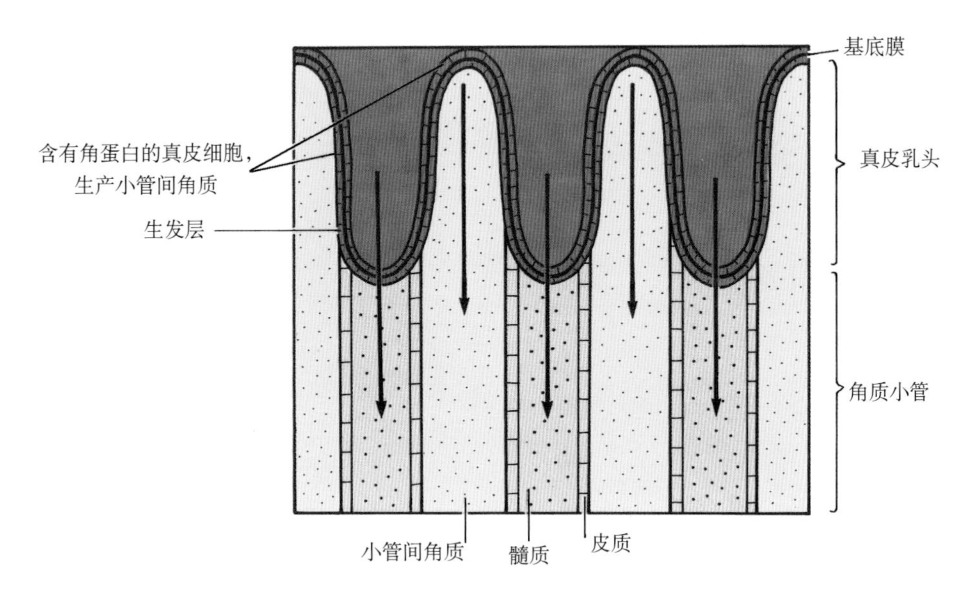


图2.8 真皮乳头的详细结构，生成角质小管和小管间角质

的年发病率为2例/100头，而2胎牛为4例/100头，3胎牛为8例/100头，4胎牛为16例/100头。

蹄壁形成后，会缓慢向下生长，生长速度约为每月5毫米（蹄踵处生长速度稍快）。平均来说，从蹄冠到蹄负重面的边缘长度为80 ~ 85毫米（对于体型较大的奶牛来说更长），这意味着蹄尖处的角质在生成后的16个月内不会磨到（80毫米除以每月5毫米）。而蹄踵壁往往只有这一半的长度，在蹄踵处，新生的角质很快会受到磨损。但正如本书后面的部分所讨论的那样，奶牛在蹄骨和蹄壳的大小上存在着很大个体差异。

为满足负重功能，蹄壳要与其内部的组织牢固附着，但同时，其内被保护的组织结构还能够小范围移动，以便其在运步过程中起到缓冲作用。这种双重功能是通过大量小叶来实现的，蹄壁内侧为致密排列的角质小叶，并与真皮小叶相嵌合。这一部分内容会在下文中蹄真皮部分详述。图2.9是一个经过煮脱处理的牛蹄标本，其中清晰地展示了蹄壁内侧的角质小叶。角质小叶在牛出生时即已形成，共有约1 300个，像鱼鳃一样紧密排列。

在图2.10中将蹄壁沿小叶层向下生长，生长方式像一块瓦楞纸板（蹄壁）沿另一块固定的瓦楞纸板（真皮小叶）向下移动。小叶层的起伏变化比瓦楞纸板的要深得多，因此可以使之支撑和附着更稳固。

图2.9 煮脱的蹄壳标本，示紧密排列在蹄壁内侧的粉红色角质小叶（A）以及蹄骨在蹄壳内的位置

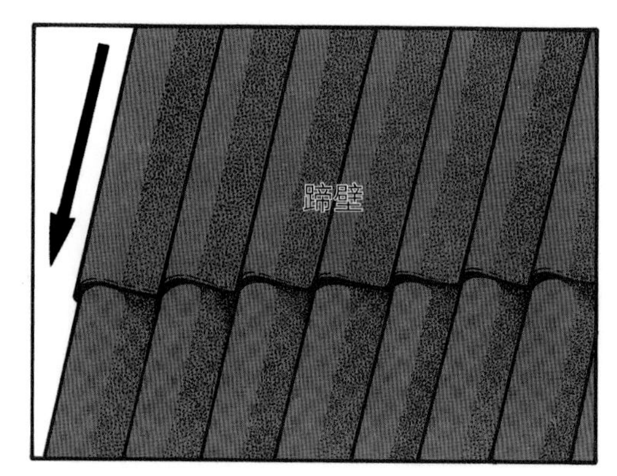


图2.10 蹄小叶模式图——像一层瓦楞纸板覆于另一层之上

## 蹄底

前文我们说过，蹄壁相当于我们的指甲。但如果奶牛仅依靠它的“指（趾）甲”行走，角质很快就会被磨掉，所以为了避免这种情况，另一层角质从它的指（趾）尖生长出来。这称之为蹄底。蹄底的角质结构完全不同于蹄壁，二者源于不同部位。

蹄底角质由蹄底乳头真皮形成，由角质小管和小管间角质组成（图2.11）。蹄底没有小叶真皮，其角质从蹄骨下的真皮直接向下生长。因此，当我们听有人说“蹄叶炎”累及蹄底时，这种表述从专业角度看是错误的，不幸的是经常有人这样说。正确的术语为蹄底挫伤。蹄底每平方毫米只有15～20根角质小管（在蹄底的不同部位会有一些差异），因此蹄底与蹄壁的硬度不同。

## 白线

虽然蹄壁和蹄底都是独立的结构，但它们必须结合在一起，二者的结合部即白线。图2.4、图2.11、图2.12和图2.13中均可清楚地看到白线，白线从蹄球部一直延伸到蹄尖，再从蹄尖向后沿蹄轴侧壁的前1/3处向上折转至指（趾）间隙，此处的轴侧壁不负重。可以在图2.14和图2.15的蹄轴侧壁（右）上看见白线的位置，此处真皮小叶比较少。白线内没有角质小管，它是由细胞结合在一起的，因此，白线相对较脆弱而易被异物侵入，是常见的感染部位。

为什么白线是白色的？可能是因为蹄壁在沿真皮小叶生长的过程中，真皮小叶产生的少量角质形成的，有时称为角质小叶细胞（69）（图2.4）。角质小叶由长而薄的细胞组成，平行排列（图2.16）。在蹄壁的角质小叶末端和蹄底真皮乳头起始处，有一个小的过渡区域产生“树突状角质”，即连接蹄壁和蹄底的角质。树突状角质细胞是含有角蛋白的扁平、不规则的细胞（图2.17）。白线没有角质小管，由树突状角质细胞间相互结合连接在一起，可认为这种方式既解决了白线的固有弱点，又赋予其在负重时可以轻微扩张和不负重时恢复原形的功能。

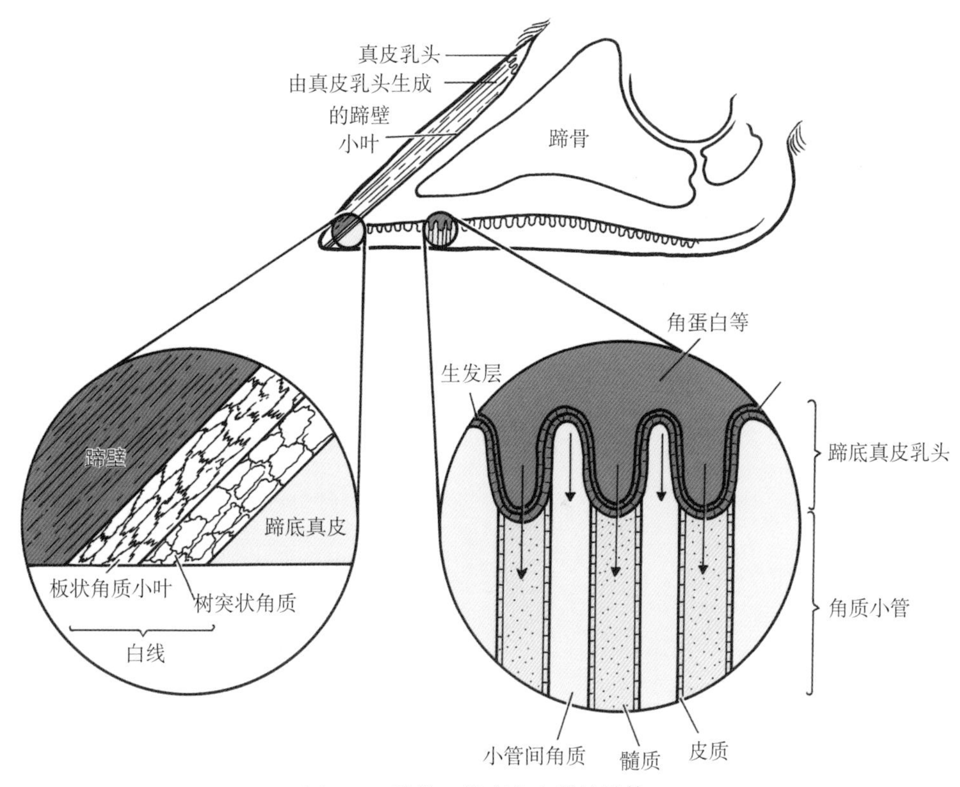


图2.11　蹄壁、蹄底和白线的结构

图2.12　牛蹄的矢状面。白色角质即为白线（W），其与蹄壁的结合处清晰可见

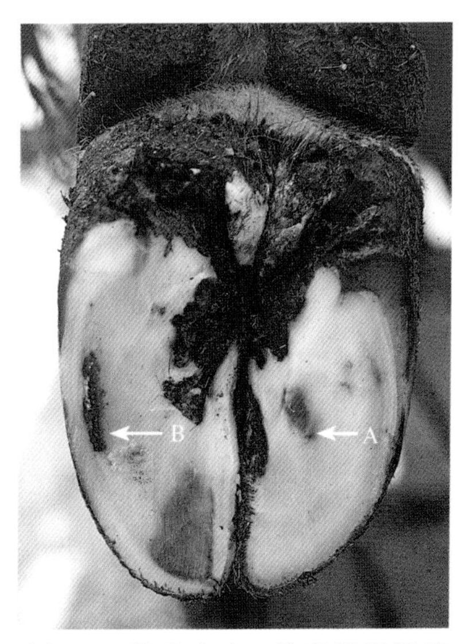


图2.13　蹄底出血。注意蹄底溃疡病灶处（A）和白线处（B）的出血。蹄尖处的黑色为正常的色素沉着

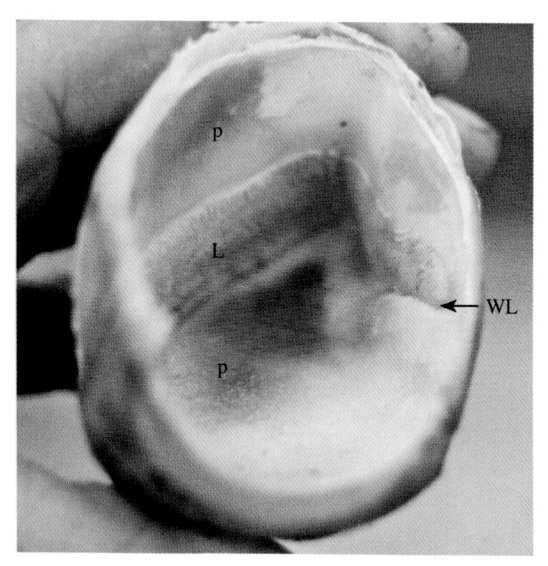


图2.14 蹄壳内侧观，示真皮乳头部和真皮小叶部对应的位置。P：真皮乳头部；L：真皮小叶部；WL：白线

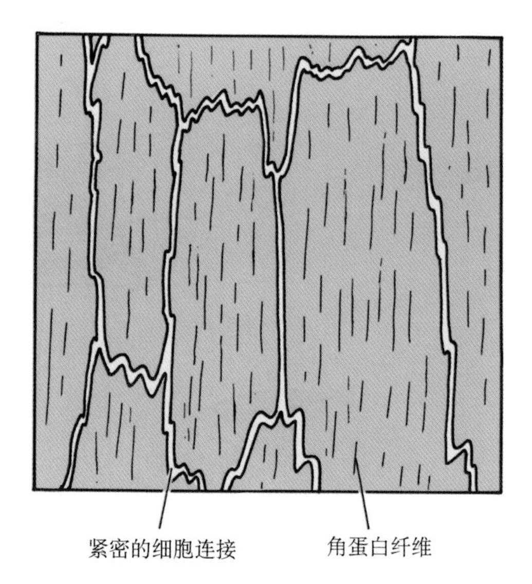


图2.16 由真皮小叶生成的、有序排列的细长鳞状角质细胞。角蛋白纤维很直，细胞间连接紧密（D. Logue 和 S. Kempson）

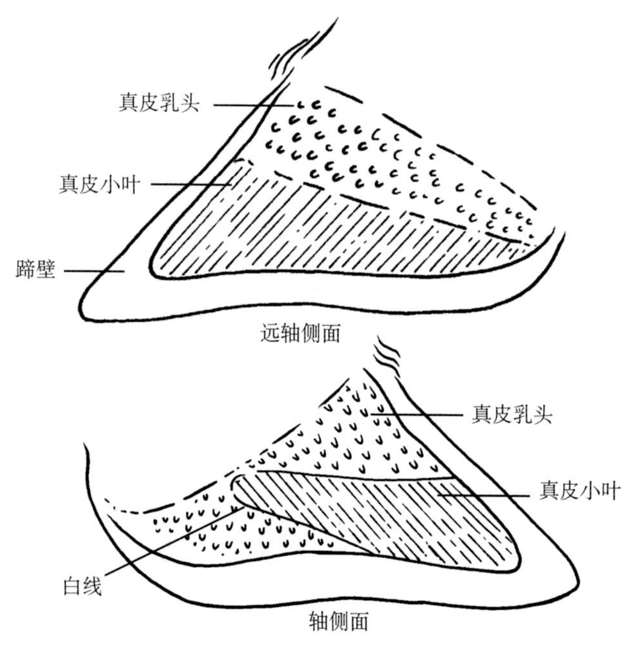


图2.15 注意远轴侧面的真皮小叶比轴侧面的面积大。白线在轴侧向蹄壳内移行清晰可见

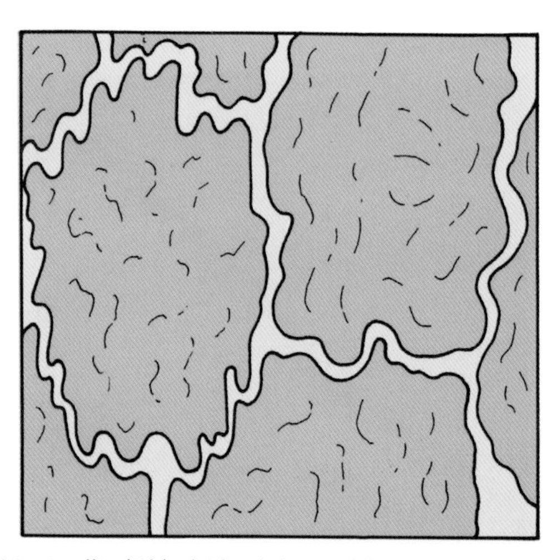

图2.17 指（趾）间角质为圆形鳞状细胞，含角蛋白，但纤维未伸长（D.Logue 和 S.Kempson）

我们已经了解到角质化（硬化）的过程是如何在蹄壳内层启始的，但是只有到达蹄壳外层（角质层），角蛋白才完全成熟。未成熟的角质小叶无色素沉着。白线是由未成熟的角质小叶和与蹄底结合的树突状角质构成。这种不成熟的角质无色素沉着，所以称为白线。因为白线不完全角质化，所以相当脆弱。图2.13中清楚地看到蹄壁与白线角质的明显分界。白线在轴侧（内侧）很窄，但在远轴侧（外侧）较宽，越靠近蹄踵的部位越宽，因为该部位的生长速率快，角化不完全的程度更高（142）。这是白线病（异物刺伤和感染）较其他部位更易发于底-球结合部（图5.9中的区域3）的常见原因之一。

### 蹄踵

蹄踵，又称蹄球，是由较软的角质被覆的圆形区域，是蹄壁的延续。蹄踵角质含有角质小管，角质小管在蹄踵角质内从蹄踵向蹄底折转。蹄踵角质比较柔韧，所以在负重过程中可压迫真皮下的组织，在不负重时恢复正常。但这种交替的形态学变化给相邻的、更坚硬的蹄壁造成更大压力。这是白线病（异物刺伤和感染）易发于底-球结合部靠近远轴侧壁处（图5.9中的区域3）的另一原因（82）。

## 蹄真皮

真皮与蹄壳紧密相连。蹄壳是变异表皮或皮肤表层，而蹄真皮则是变异的真皮。蹄真皮是指（趾）的支撑组织。蹄真皮含有神经和血管，为角质形成提供所需的营养，并为蹄骨表面的骨膜提供营养。虽然蹄壳的角质是无感觉的，但真皮非常敏感。受损时会出血并引起疼痛。

蹄真皮可细分为：

• 真皮乳头部：生成角质。

• 真皮小叶部：支撑蹄壁角质生长，并使蹄骨紧密附着于蹄前壁。

• 指（趾）枕：有时称为皮下组织，在运步过程中扩张和收缩，具有减震和泵血的功能。有些文献将指（趾）枕作为一个独立结构描述。

图2.18中，一指（趾）的蹄壳已被去除，暴露内部的真皮。可清楚看见，真皮乳头部（P）为蹄冠下方的光滑区域；真皮小叶部（L）在下方，呈鱼鳃状；指（趾）枕（DC）是蹄踵部向下突起的组织。

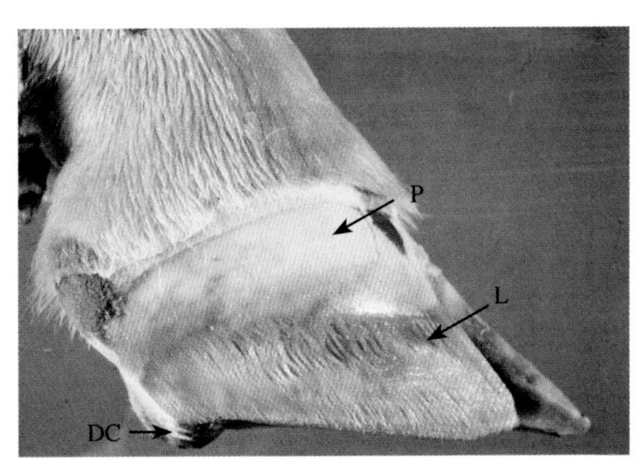


图2.18　图片上部为真皮乳头部（P）、鱼鳃状的真皮小叶部（L）和蹄踵下方的指（趾）枕（DC）（P. Ossent）

如图2.4和图2.14所示，蹄真皮紧贴于蹄壳内侧。在蹄冠下方真皮上的指状突起称为真皮乳头，它像钉子一样楔进其上的角质。真皮乳头上的表皮细胞生成蹄壳角质。真皮的血管为角质形成提供营养。

沿着蹄壁向下，在真皮乳头部下方，为

真皮小叶部，它们与蹄壳上的角质小叶嵌合，形成紧密的支撑系统以确保负重。在内部，蹄骨与蹄壁通过致密的小叶相连。要注意的是，蹄底没有小叶，小叶仅存在于蹄壁上，且远轴侧的小叶比轴侧面积更大（如图2.15所示）。轴侧小叶数量较少，蹄骨与蹄壁附着较远轴侧弱。可能与牛运步时蹄骨在蹄壳内有小范围活动有关，这也可能是导致蹄底溃疡的原因。图2.14和图2.15中显示了白线沿着蹄轴侧小叶部的下缘移行的状态。

### 指（趾）枕

在蹄踵部，蹄真皮内富含脂肪、胶原纤维和弹性组织，形成指（趾）枕。在图2.18和图2.19中可以看到蹄球上的指（趾）枕（DC）形状，图中蹄壳已经被去除，真皮保持完整。

图2.19 突出于蹄踵的指（趾）枕

指（趾）枕在负重和运步过程中起着非常重要的减震作用。当牛蹄接触地面时，冲力作用于蹄骨及其支持结构，使得蹄骨后部轻微移动，压迫指（趾）枕（96）。指（趾）枕表面覆有柔软的蹄球角质，受到压迫时，可缓解冲力对蹄骨的作用。不负重时，指（趾）枕恢复原有形状。下一节会详述指（趾）枕缓冲功能的细节。

维持蹄部充足的血液供应对角质生成非常重要，但在奶牛负重时，难以保证蹄部的血液流动。有人提出主要有三种机制参与确保蹄部血液供应：

- 指（趾）枕将血液从蹄部泵出。在后蹄，运步时远轴侧的底-球结合部（图5.9的区域3）先与地面接触，使之启动泵血功能。这说明缺乏运动会妨碍血液循环。
- 蹄真皮中的小血管（毛细血管）通过肌肉的作用而扩张和收缩，以适应蹄的负重。肌肉功能会受毒素和蹄真皮炎/蹄叶炎所致的病变影响。
- 还有一种称为动静脉吻合支的旁路机制，当蹄部负重时，血液在蹄冠部循环，而不流经蹄真皮内的毛细血管。然而，当蹄真皮发生真皮炎/蹄叶炎（特别是马）时，长时间持续旁路循环，导致蹄真皮毛细血管内血液循环不畅，组织供氧不足，继而影响角质形成。

## 骨骼及其支持结构

牛蹄深部的第三层组织是蹄骨及其支持结构。

### 蹄骨

蹄骨是牛蹄的主要骨骼，相当于人靠近指尖处的最后一块指节骨，专业术语为第三指（趾）节骨（参见图2.2）。蹄骨位于蹄壳内，与蹄壳形状一致，与蹄尖角质由一层很薄的真皮隔开。蹄前壁和远轴侧壁上有大量的小叶，将蹄骨固定于蹄壳内。图2.3和图

2.4清楚地显示了蹄骨朝向蹄尖，紧贴蹄壳，图2.9可见蹄骨附着在远轴侧壁上的小叶部。该图为牛不负重时蹄骨的状态。在活体标本中，蹄骨会处于更高的位置，如图2.4所示。

当奶牛运步时，蹄骨在蹄尖处与蹄壁的相对运动幅度较小，但蹄踵向和轴侧向[靠近指（趾）间隙侧]的部位活动幅度更大。运步时蹄骨轻微的轴侧向旋转可能与蹄底溃疡的发病机制有关，将在后面的章节中讨论。

如图2.3和图2.9所示，蹄骨底面投影仅占蹄底的前3/4，其后缘几乎直接位于蹄底溃疡病发部位之上。如图2.20所示，蹄骨的远轴侧缘平直，而轴侧缘呈拱形。蹄骨后端的突起（如图2.21中镊子指向处）称为屈肌突，是屈肌腱附着处，参见图2.24。

蹄骨前缘被覆部分小叶真皮，使之悬于蹄壳内并附着在蹄前壁，后缘由悬韧带呈吊床状与其上部组织连接，称为蹄骨支持结构（图2.22）。

韧带内有3块脂肪垫[指（趾）枕]，起到减震作用，类似于跑鞋后跟的气垫（66）。活牛的指（趾）枕厚度可以用超声测量。在一项研究中（110）对500头奶牛进行了超声扫描，发现以下几点间相关性很高：

• 指（趾）枕厚度和蹄底溃疡及白线脓肿的发病率[指（趾）枕薄的牛发病率高]。

• 指（趾）枕厚度和体况评分：瘦牛的指（趾）枕更薄。

• 指（趾）枕厚度和泌乳阶段：泌乳天数低于120天时，奶牛最瘦，其指（趾）枕也最薄，蹄病的发病率也最高。

• 指（趾）枕的功能和年龄。直到3～4岁龄，即进入第二胎次之前，牛的指（趾）枕都未发育完全，因此更需要关注。后备牛阶段指（趾）枕不仅薄，其脂肪酸成分也与成年牛不同，使得指（趾）枕的减震效果较差。

图2.20　煮脱的蹄标本，示蹄骨轴侧下缘呈拱形。蹄骨后缘过度负重，可导致蹄底挫伤或蹄底溃疡

图2.21　注意图中突出于蹄底的蹄骨

老龄奶牛和曾患真皮炎（例如蹄底溃疡或蹄底挫伤）的奶牛，指（趾）枕会退化，使蹄骨的支撑减弱，更易发生蹄底溃疡。这些变化可参见图2.23。

有人可能会问："奶牛是因为瘸变瘦，还是因为瘦变瘸？"如前所述，二者都是正确的！

有人提出，外侧趾的部分蹄骨紧贴于蹄

底，而内侧趾的蹄骨与蹄壁结合更紧密，因此对蹄底的压迫较轻（66）。这可能是蹄底溃疡多发于后肢外侧趾的原因之一，也是为什么外侧趾在修蹄时应稍留长的依据。如果修蹄时两趾修剪成相同长度，则可能造成外侧趾的蹄底过薄。

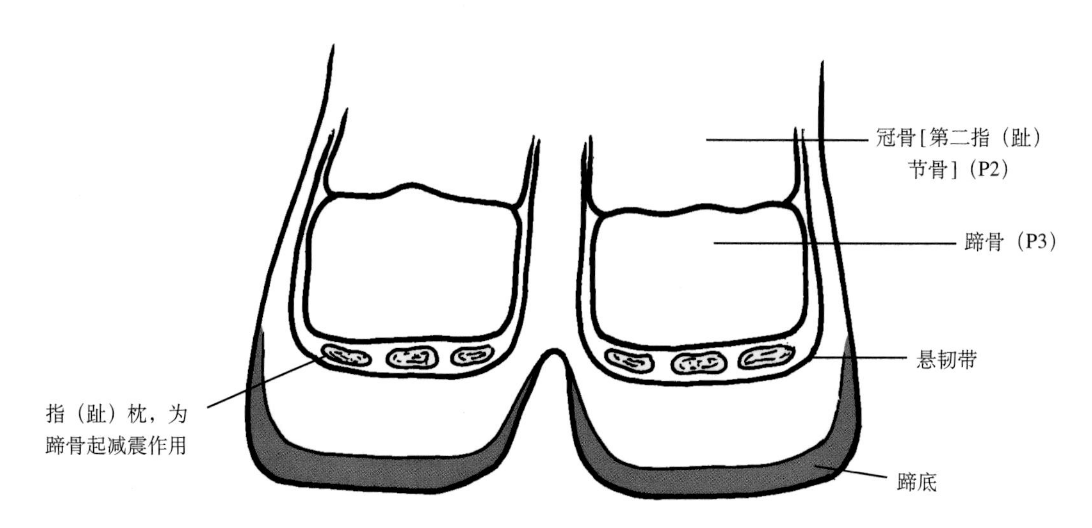


图2.22　蹄骨的悬韧带在远轴侧附着于真皮，并向内转为轴侧韧带。请注意在韧带中充当“减震垫”的3个指（趾）枕

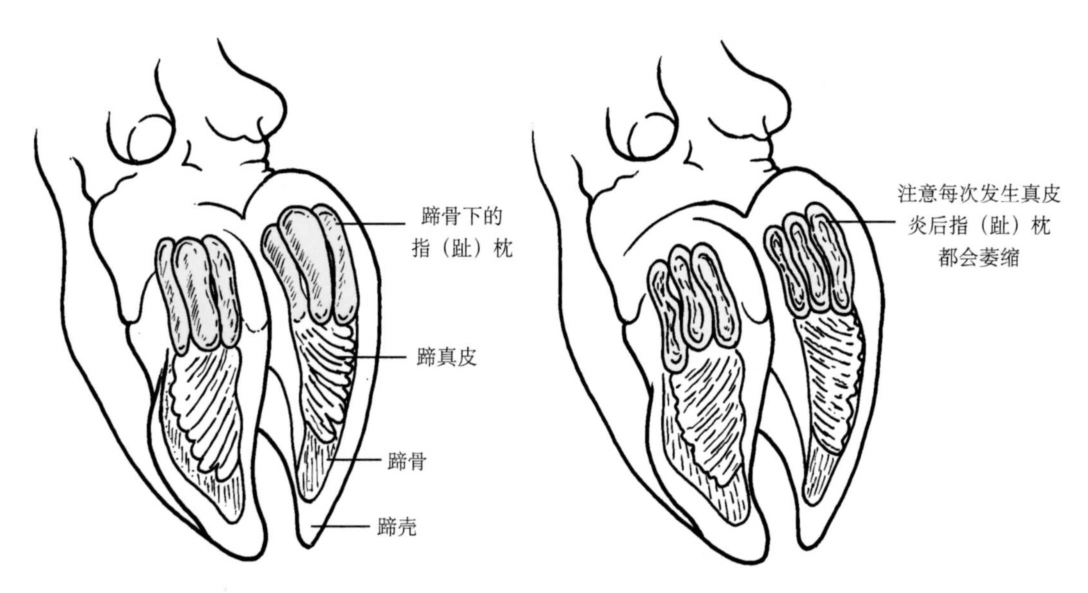


图2.23　指（趾）枕作为悬韧带内“减震垫”的模式图。如右侧牛蹄所示，反复发生真皮炎后，指（趾）枕会萎缩（Ossent和Lischer）

## 腱

肢的屈伸是通过腱实现的，腱的一端附着于肌肉，另一端附着于骨骼。当肌肉收缩时，肌肉变短，通过腱牵拉骨骼使之移动。蹄部主要有两组腱。伸肌腱，止于蹄骨前背侧近端的伸肌突（图2.24），使关节伸展，帮助牛腿抬起；屈肌腱，止于蹄骨后腹侧底部的屈肌突，起到向后拉伸牛腿和使牛蹄屈曲的作用。

由于腱也参与负重和减震，因此它们必须非常强健。在图2.7中可以看到致密的、白色高亮的屈肌腱。屈肌腱位于一个封闭的润滑护套（腱鞘）中，沿着腿后部向下延伸，止于蹄骨后缘和基部。

## 舟状骨

腱在蹄踵内的转向处还有一块小骨骼，即舟状骨（又称远籽骨），便于腱的移动，可参见图2.24、图2.25和图2.26。

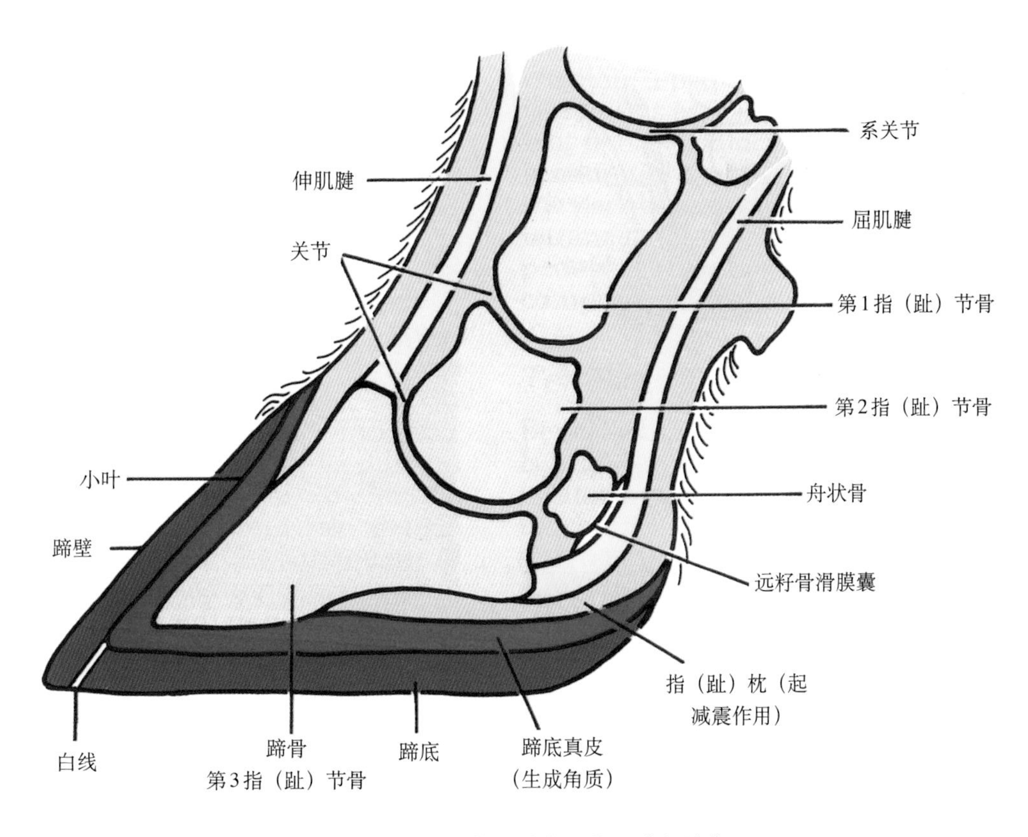


图2.24　蹄部的解剖结构：球节下的骨骼和关节

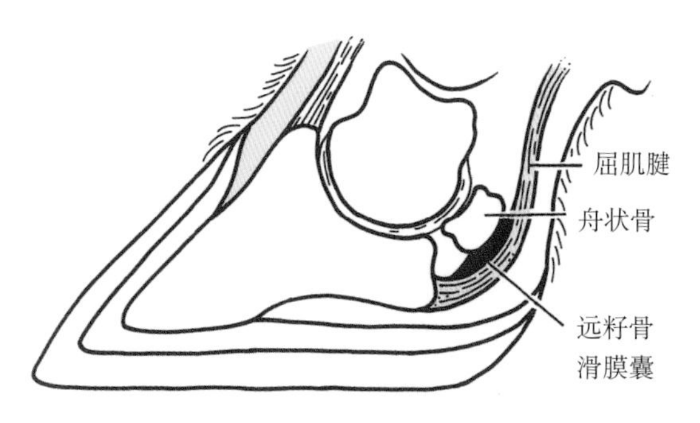


图2.25 舟状骨、远籽骨滑膜囊和屈肌腱的位置

图2.26 蹄标本，示蹄骨和舟状骨在蹄壳内的位置关系

## 远籽骨滑膜囊

远籽骨滑膜囊是一个内有滑液的囊状结构，位于屈肌腱和舟状骨之间（图2.25），辅助二者的平滑运动。注意蹄底溃疡的发病部位紧邻蹄骨后缘，屈肌腱止点的正下方。修蹄和清理累及真皮的溃疡灶时，有时会看到白色或乳白色的细小纤维样组织，这是变性的屈肌腱。溃疡的感染病灶可深达远籽骨滑膜囊内，形成脓肿，由于发病位置位于关节后，有时也称为关节后脓肿（图5.39）。患牛蹄踵肿胀、发炎和剧痛（图5.35），皮肤发红，可见明显跛行。有时可见溃疡部位排出少量的脓汁（图5.44），表明在肿胀部位内有大量脓汁。

这种病例的唯一治疗方法是保持脓肿开口的开放状态并引流（14）。晚期或未治疗的病例可导致舟状骨感染、蹄骨贯穿性感染，甚至会导致蹄骨溶解，此时须进行截指（趾）术治疗。因此，尽早对关节后脓肿积极治疗十分重要，第五章对本病进行了详细描述。

## 蹄关节

蹄关节由蹄骨和第2指（趾）节骨构成。关节的结构允许两节指（趾）节骨的软骨光滑面相对移动，同时两节指（趾）节骨均可负重。软骨变性（如关节炎）会使牛在运动时表现剧痛。

球节下的骨骼及关节相关名词术语参见图2.24。注意远籽骨滑膜囊后缘和舟状骨前表面与蹄关节的位置关系。此处发生感染会造成严重的损伤。因此，对跛行的牛必须及时治疗。

## 蹄真皮炎/蹄叶炎与蹄病的发病机制

关于蹄病可从以下两方面阐述：

• 发病机制：说明蹄部病变发生的机制及其所致蹄病。

• 病因学：说明因现场管理因素所致的蹄部变化。

本节主要阐述发病机制，即蹄病的发生、发展过程，如蹄底溃疡和白线病。蹄病的病因学部分，即导致发病的现场管理因素，将在第六章中叙述。

根据前文所述，我们知道角质由蹄真皮生成，健康的真皮生成健康蹄壳，而发生病变或受损的真皮可能导致蹄病。

“蹄叶炎”一词仅指真皮小叶的炎症，而炎症反应不仅限于真皮小叶，可能在蹄真皮有泛发性病变，因此用专业术语“蹄真皮炎”或许更准确，直接表明了蹄真皮的功能障碍。这种功能障碍可以表现为几种不同的形式。

• 蹄真皮的血流量增加使得角质生成更快，不仅导致蹄壁或蹄底的过度生长，而且可导致不成熟、较柔软且不耐磨的角质到达磨损面。像一棵树一样，生长速度过快会使木质更柔软。这些变化在白线处尤为突出。

• 血管系统的损伤可导致血浆或全血细胞在蹄壳鳞状角质细胞生成过程中漏出至细胞间。此时可见蹄底或白线部位角质血染。图2.27、图2.33和图2.34是典型病例。

• 在某些情况下，真皮内的血管严重扩张，血液几乎停止流动，从而导致“瘀滞”。缺血意味着组织将会缺氧，无法为蹄壳角质生成提供营养物质，且无法清除周围组织的代谢产物，使之蓄积。角质生成完全停滞。

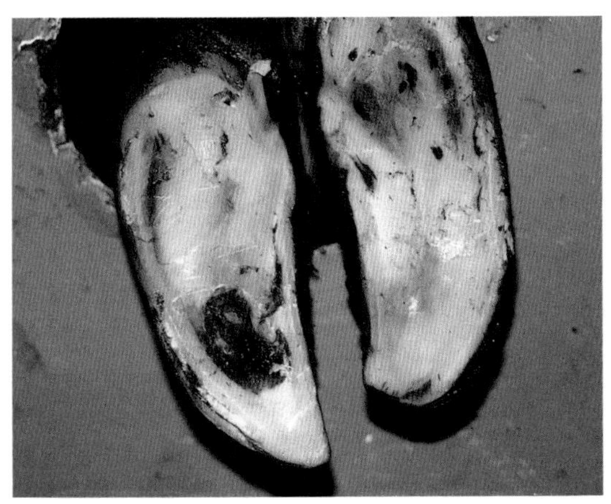

图2.27 蹄底泛发性出血。注意蹄尖处和白线部的出血。右侧趾泛发性的变色区域

蹄真皮的破坏及蹄壳角质生成不良不是由单一因素导致的。累及蹄真皮的主要因素有：

• 物理损伤。

• 奶牛体内的代谢变化，如在妊娠期和泌乳早期的变化。

• 肠内的毒素，如瘤胃酸中毒或来自其他疾病（如乳房炎）。

## 创伤

蹄真皮发生炎症的原因之一可是单纯的外伤。如图2.28所示，当我们的指甲受损时，也会表现类似的症状。在这种情况下，外伤立即导致出血，如果出血严重，角质的生成完全中断。随着新的指甲再次生长，我们可以看到新旧指甲间有一条分界线，如图2.29所示。直到受损的指甲从指尖脱落（图2.30），我们再次拥有健康的角质组织（指甲）。这些变化在指甲上很容易被看到，因为它很薄。但蹄底出血时，从外表观察不到。受损角质的生长速度为每月5毫米，直到最终到达外表面，如图2.13所示。蹄底厚度为10 ～ 15毫米，在损伤发生后2 ～ 3个月内可能不会见到出血。

有人可能会问，为什么在牛蹄发生损伤后我们没立即看到跛行，而是要等到2个月后才能发现。当我的手指出现图2.28中的情况时，我当即意识到我受伤了。事实上，奶牛确实能对疼痛立即做出反应。有研究（49, 97和3）证明，奶牛在跛行前的2～4个月产奶量开始下降，即发生蹄真皮损伤时。而跛行是后发症状，直至出血的角质到达蹄底磨损面时才表现出临床症状，细菌可

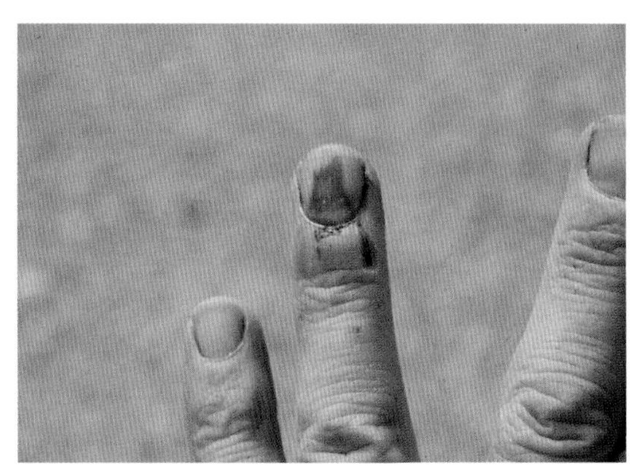
图2.28 损伤造成的真皮出血

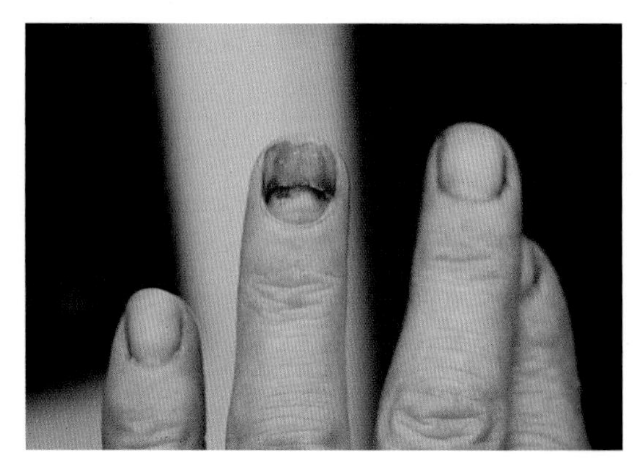
图2.29 指甲上新生角质在受损角质下生长

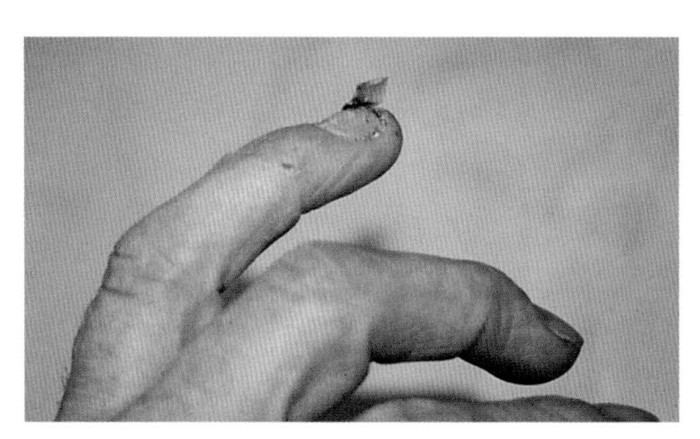
图2.30 脱落的损伤指甲。类似奶牛的蹄底溃疡

通过受损的蹄底角质上行感染蹄真皮，产生脓汁并造成局部压迫。当然，许多出血区不会导致跛行。它们仅从蹄底生长至磨损面，如图5.21至图5.23所示。一般来说，如果蹄底出现红色的出血斑或出血点，表明是蹄真皮出血并随着角质的生长到达蹄底表面，在不影响蹄形的前提下，可以不做处理。如果出血的角质呈黑色，表明出血已经发展到蹄底有一段时间，这种情况下可能有粪污、石子或细菌向蹄壳内逆行侵入，应仔细检查。

图2.31显示腿部负重时重量向下传递的方式，真皮位于质地坚硬的蹄骨后缘与蹄底角质之间，受力时呈点状压迫。在图2.20已讨论了蹄骨底面呈拱形，且在远轴侧与蹄壳紧密连接。蹄骨与蹄底对蹄底真皮的点状压迫会破坏血管，导致红细胞漏出，在蹄底新的角质生成时与之混合在一起，血液和蹄底角质的混合物向下生长，最终到达蹄底表面。图2.13和图2.27是蹄底出血的典型病例。注意图2.13中蹄底溃疡病灶处（A）和白线（B）和图2.27中在蹄尖处的出血斑，这些位置是蹄骨的前部和后部与其下的蹄底接触点。这种情况常称为“挫伤”。当然，这是挫伤的一种类型，但实际上挫伤发生于表现出跛行症状的8～12周之前（角质生长速度约5毫米/月，蹄底厚度为10～15毫

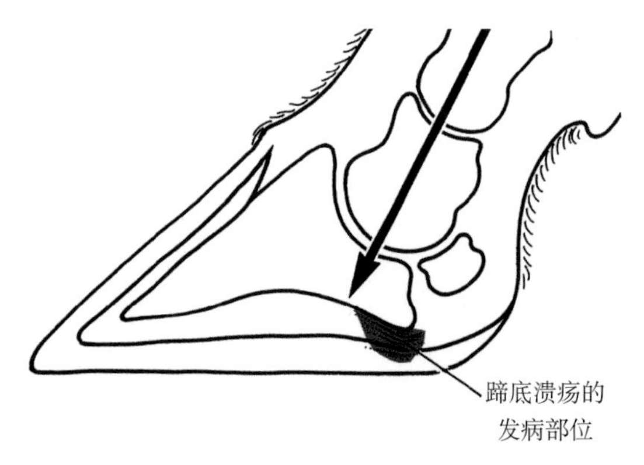

图2.31 体重经腿部分传递至蹄骨后缘，形成受力点并造成真皮损伤

米），并且仅见于表面。

在有些奶牛，你会发现削除浅层角质即可去除出血的蹄底，露出其下健康角质。这种病例，挫伤的病程较短，挫伤发生后迅速恢复并生成健康角质。在另一些病例（通常在蹄底溃疡处），血液和角质的混合物从蹄底的外部负重面一直延伸到蹄底真皮，表明蹄底真皮仍处于挫伤状态。

这就像水泥和锯末的混合物以圆柱状或管状形态穿过一个本来很均匀的混凝土区域。一旦混凝土表面磨损，水泥和锯末混合物便暴露出来，水、霜和碎石便会很快侵蚀进水泥和锯末的混合物中，在混凝土中留下深洞。这些变化参见图2.32。

当血液和角质的混合物贯穿蹄底时，细菌很容易侵入并引发感染。当细菌侵入至真皮，其生长所需的三个基本条件（营养、温度和水分）得到满足时，细菌增殖，之后形成脓汁。脓汁会增加蹄内的压力，导致疼痛和跛行。即使在没有感染的情况下，劣质角质（即血液和角质的混合物）也意味着奶牛的蹄部没有受到良好保护。如果奶牛踩在一粒石子上，较薄的蹄底会受压凹陷，使真皮产生痛感。我们可以穿着薄底拖鞋走过很粗糙的地面，体验一下类似的感受！修蹄时，去除蹄底表面的正常和异常角质后，可以用大拇指的指甲按压一下蹄底的不同部位，你会发现出血处的角质很软。

## 代谢变化

产犊也会破坏角质生成。通过高倍电子显微镜观察并检测角质，我们发现了产犊前后头胎牛白线的微观变化（69）。图2.33和图2.34显示了健康和退化的角质小叶细胞和圆形树突状细胞，注意细胞间是如何牢固地连接在一起的，使角质更加坚固。产犊后，几乎所有头胎牛的蹄壳角质开始退化。最初，鳞状角质细胞间隙增大，间隙中充盈着红细胞、细菌和一些细胞碎屑。这些变化显著削弱了角质的整体强度。受影响最大的细胞受损严重。受损严重的细胞间隙变大，细胞膜破裂，且角化作用受阻，细胞内仅有少量或完全没有角蛋白，细胞变性。

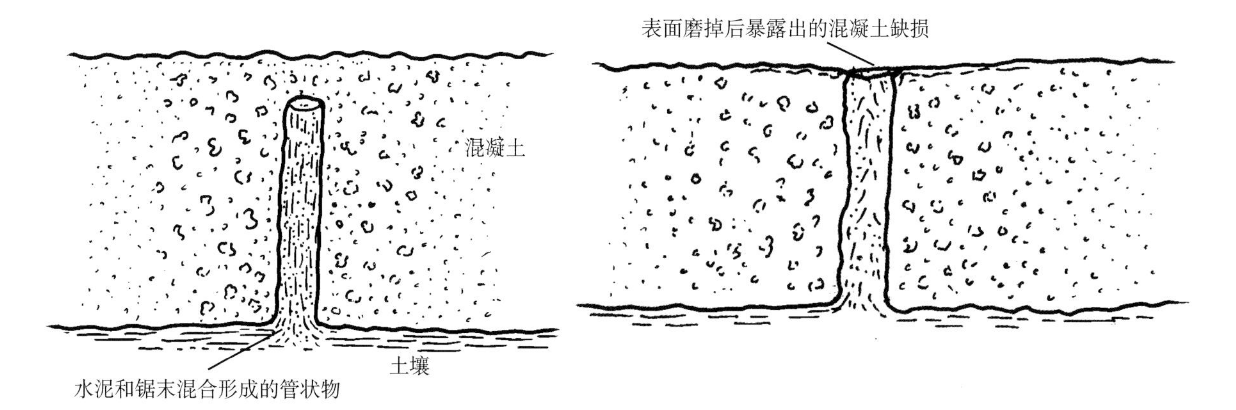


图2.32　可将蹄底真皮和蹄底负重面间的血液与角质混合物看作打混凝土时锯末和水泥的混合物。当混凝土表面磨掉后（右图）暴露出锯末和水泥的混合物，很快形成一个小孔

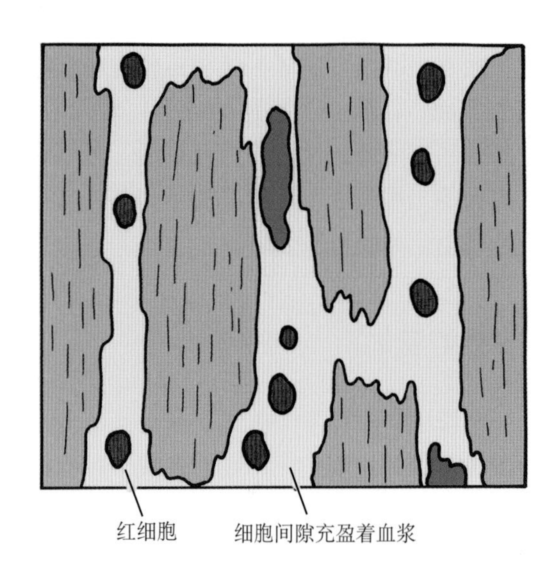


图2.33 头胎牛的白线局部。鳞状细胞间隙增大并充盈着血浆、红细胞、细菌和细胞碎屑（D. Logue 和 S. Kempson）

图2.34 白线角质的进一步变化。鳞状细胞变性，其内角蛋白含量很少或没有，细胞间隙增大，充盈着血细胞、血浆和各种形态的细胞碎屑（D. Logue 和 S. Kempson）

这些过程的最终结果是蹄角质结构的严重削弱，从而导致异物填塞或沙砾的嵌入，或导致蹄真皮感染。当然，上述变化是微观变化，需要放大成千上万倍才能观察到细节。在蹄壳上，这些变化会表现为蹄壳或白线变黄，如图2.13中所示的蹄底。这是因为蹄真皮炎或蹄叶炎引起血管损伤，黄色的血浆和/或血液渗入角质细胞间隙内所致。

## 毒素和日粮

### 瘤胃细菌内毒素

关于日粮对跛行的影响，存在较大的争议。其中一说为瘤胃异常发酵使得细菌内毒素释放（内毒素是细菌死亡后的分解产物），当内毒素被奶牛吸收后，刺激机体释放组胺(4)。组胺可损伤血管，从而影响了蹄真皮内血管微循环的调控机制。血液瘀滞，形成血栓。

小叶真皮和乳头真皮基部的动静脉吻合支（即微动脉和微静脉间的通道）可能因此受损，这是导致蹄真皮炎/蹄叶炎的基础病变（100）。如果蹄真皮内供血不足，会导致氧气和含硫氨基酸的供应不足，二者均为角质生成所必需的物质。试验表明，向瘤胃注入乳酸后2小时内，蹄真皮即可发生上述变化（53）。7天内即可通过显微镜观察到角质层和生发层间出现微小的分离区域。如果病程继续发展，角质生成障碍可导致蹄底溃疡或整个蹄壁出现横裂，可参见第五章相关内容。瘤胃内的内毒素可能是由牛链球菌产生，组胺可能是由产组胺亚利氏菌产生。有人认为，在低瘤胃pH（瘤胃酸中毒）的情况下，组胺更易被机体吸收。已证明，试验性瘤胃酸中毒可抑制生物素合成，而生物素是蹄壳生成的重要物质（参见第六章），这可能是造成发病的深层次原因。然而，日粮对跛行的影响仍有很大的不确定性。

细菌内毒素不仅来自瘤胃，也可能源于急性乳房炎或子宫炎（子宫感染）病原菌死亡。因此，这两种疾病均需合理治疗（使用抗生素和抗炎药），以防继发蹄病。

图5.53为一个蹄前壁横裂的病例。图片中的患牛产犊后即发生了严重的大肠杆菌性乳房炎。虽然患牛最终痊愈，但可能是由内毒素导致角质生成完全中断，经过数天或数周才恢复生长，以致蹄壳裂开为两部分。蹄尖处的“假蹄壳”最终会脱落（参见第五章）。轻度真皮炎/蹄叶炎可导致蹄壳表面出现蹄轮，又称“苦难线”(50)。多条平行的蹄轮表明奶牛曾反复发生真皮炎。

有时可在蹄底发现松软、粉末状白色角质（图2.35），有人认为这种情况继发于蹄叶炎。这种说法有误！这些粉末状物质是没有自然磨损的陈旧性和变性的浅层蹄底角质，这可能是因为蹄壁略高出蹄底（图2.35），使蹄底未能摩擦地面所致。如第三章所述，放牧牛的蹄壁会长出蹄底，但是长出的蹄壳会自然踏入地面，从而使泥土能够磨损多余的蹄底角质。

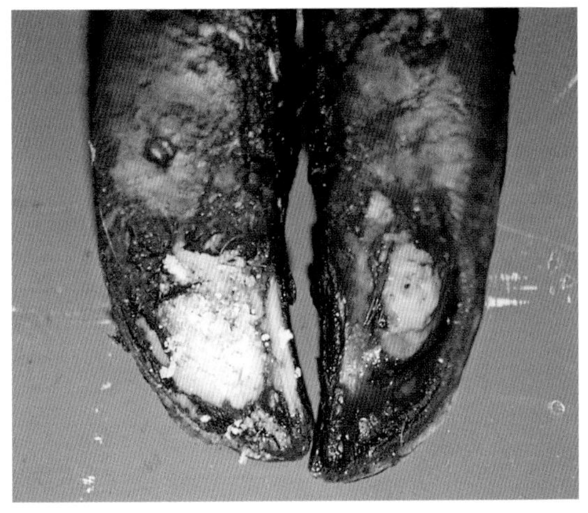

图2.35　有人认为蹄底松软、粉末状角质是蹄叶炎所致，但实际上这是未磨损的正常蹄底角质

## 蹄骨支持结构的变化

前文中，我们主要讨论了蹄真皮炎/蹄叶炎对蹄壳的影响。在影响蹄壳的同时，蹄真皮炎/蹄叶炎也会影响蹄骨的支持结构。图2.4和图2.36显示了蹄骨在蹄尖处与蹄壳紧密结合，通过小叶固定在蹄壁上，且在远轴侧（外侧）壁比轴侧（内侧）壁结合得更紧密（图2.15）。如图2.36所示，支持结构由纤细的胶原蛋白和纤维组织组成，像2根羽毛并排放置排列。酶类[统称金属基质蛋白酶（MMPs）]和激素（如松弛素）能够改变蹄骨与蹄真皮小叶的结合强度，从而改变支持结构的整体柔韧性。这部分内容将在第六章中阐述。

如图2.37（i），金属基质蛋白酶的分子小而圆，使蹄骨与蹄壁紧密结合。如图2.37（ii），金属基质蛋白酶分子伸长，使得小叶分离，继而使连接蹄骨和蹄壁的胶原纤维松弛。金属基质蛋白酶在奶牛分娩前后因激素（如松弛素和蹄酶）的变化而激活。这使蹄骨的活动性增强，使其更加敏感而易发生“挫伤”。然而，如果头胎牛或成年奶牛的蹄真皮严重受损，会累及金属基质蛋白酶控制的支持结构，使得蹄骨在蹄壳内下沉，压迫蹄底真皮。可能的影响有：

- 如果蹄骨后缘下沉，蹄真皮被蹄骨呈

点状压向蹄踵，可导致蹄底溃疡或蹄踵溃疡(图2.36)。

• 如图2.27所示，如果蹄骨前缘下沉，导致蹄尖出血，即蹄尖溃疡。

• 如图2.36所示，蹄骨下沉可压迫蹄底真皮使之向蹄侧移位，导致白线变宽、变软，增加奶牛患白线病的风险。

• 如果真皮向上移位，会使蹄壳上缘肿胀，肿胀位置在蹄冠上方。蹄部较弱的奶牛分娩后常有蹄冠周围肿胀，与上述变化相关。

• 在这样一个狭窄的区域，蹄真皮炎/蹄叶炎伴发的血管充血和扩张会导致奶牛疼痛和不适。在运步过程中，患牛会尽量用蹄踵负重、蹄尖向外翻转以减轻蹄尖负重。这使得蹄踵下沉，蹄前壁角度变小，患牛运步时飞节靠得更近。变化见图2.38。如图2.39所示，蹄真皮炎/蹄叶炎的长期影响可能最终表现为蹄尖向上翻卷和蹄前壁呈弧形向下凹陷（96）。

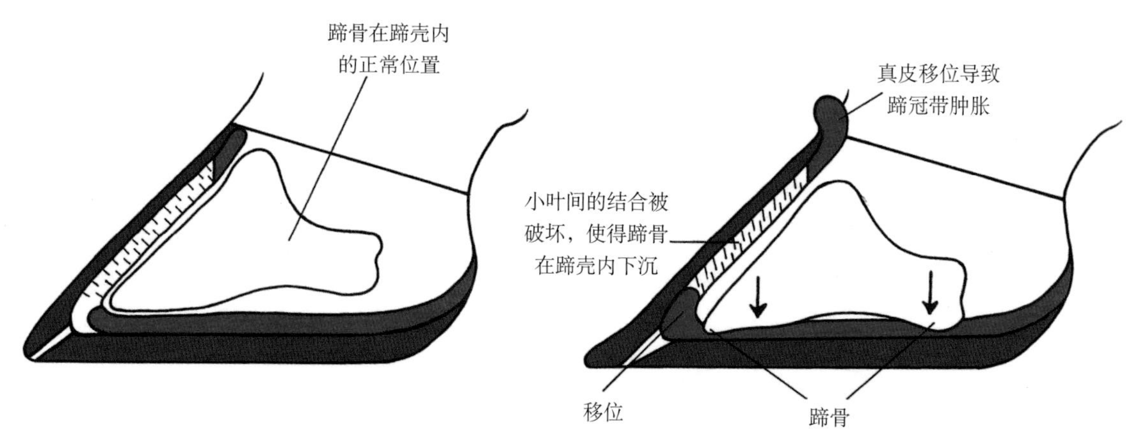


图2.36 蹄叶炎可破坏蹄骨的支持结构，使蹄骨下沉压迫蹄底真皮。蹄真皮可沿蹄壁移位，导致白线变宽，向上移位时造成蹄冠带上方肿胀 (Dr P. Ossent)

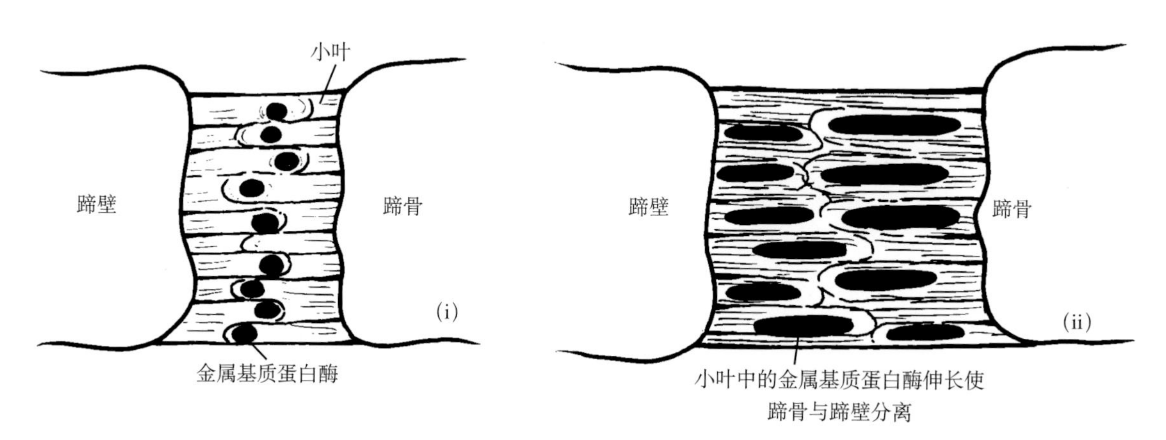


图2.37 蹄骨与蹄壁由小叶像两根并排的羽毛一样嵌合在一起，使蹄骨悬于蹄壳内。金属基质蛋白酶控制小叶间结合的紧密性，当金属基质蛋白酶伸长时，蹄骨在蹄壳内的活动幅度变大

一旦蹄骨下沉压迫蹄底真皮，蹄骨永远不能再恢复到原位，蹄底真皮压痛使患牛余生行走过程中一直处于不适状态。这可导致永久性角质生成不良，尤其是蹄底溃疡的发病部位周围，患牛蹄底溃疡和白线病高发。有些蹄骨下沉严重的奶牛，可以在按压蹄底时触到其下的蹄骨后缘。从蹄真皮异常至蹄骨位置改变所需的时间不定，但可能在6～12个月之间。一旦发生上述情况，无论修蹄多少次也不能恢复蹄部正常状态。因为这种状态下的蹄壳过度生长和步态异常是由蹄骨变化所致，而非蹄壳变化所引起。因此，头胎牛产犊时的护理十分重要。

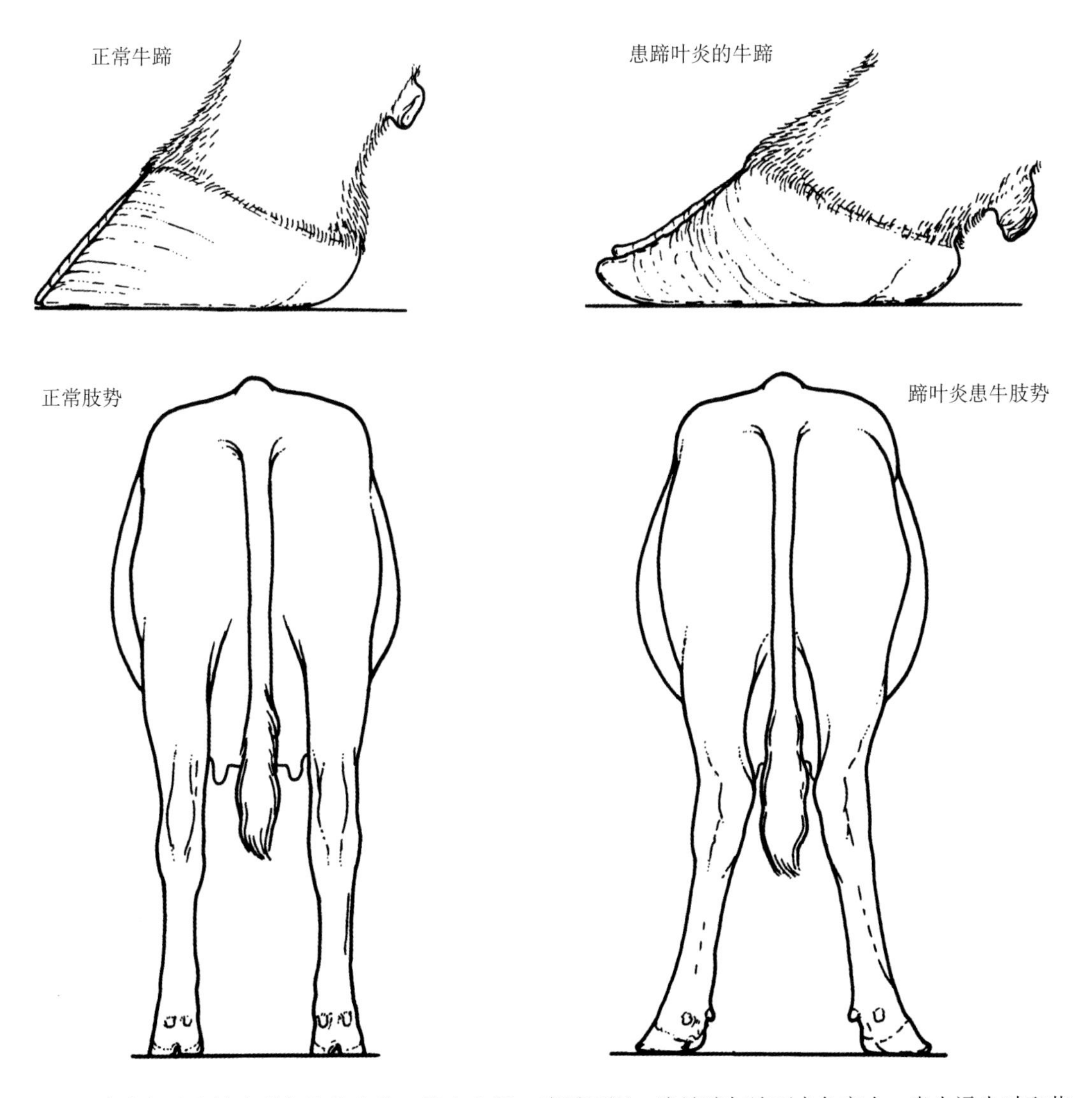


图2.38　蹄叶炎导致的蹄形和肢势变化。蹄尖上翘，蹄踵下沉，蹄前壁与地面夹角变小。患牛运步时飞节并拢，蹄尖外向（外八字）

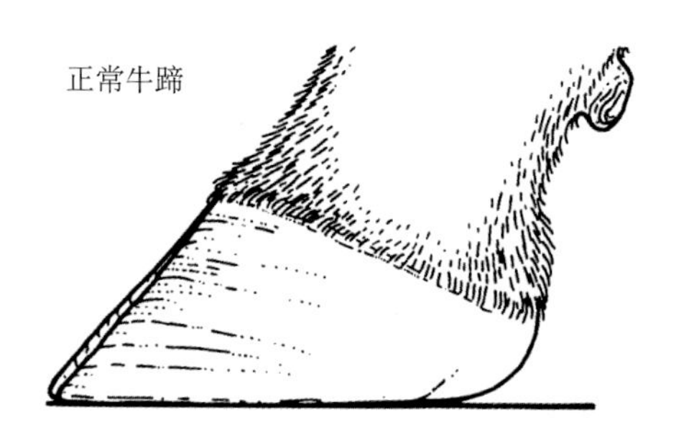


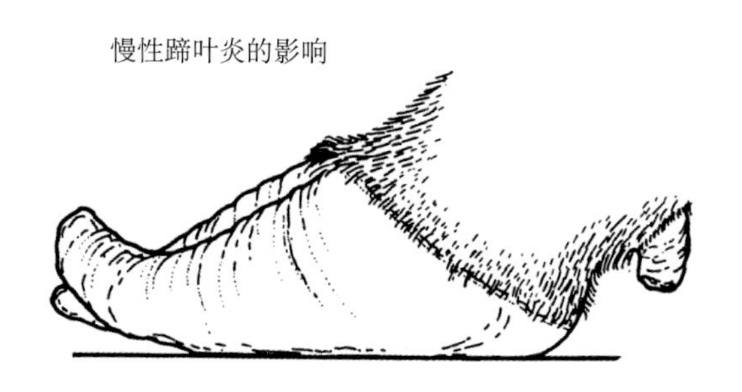


图2.39 慢性蹄叶炎：蹄踵下沉，蹄前壁向上翻卷，蹄尖上翘

综上所述，泛发性蹄真皮炎（蹄真皮炎/蹄叶炎）可导致以下任何变化：

• 发病初期，蹄真皮内血流量增加可能刺激不良角质的生成，如较软的角质。

• 蹄底角质黄染（血浆），严重的病例可见白线和蹄底溃疡发病部位出血。

• 患牛有疼痛和不适表现，特别是蹄尖处，使其用蹄踵行走。

• 角质生成减少，表现为出现环绕蹄壁的蹄轮（“苦难线”）。

• 短期角质生成停滞导致蹄横裂。

• 蹄骨下沉，导致蹄真皮移位：同时向蹄侧移位（白线变宽、变软）和向蹄冠带上方移位（蹄冠上方肿胀）。

• 最后，蹄尖上翘，导致蹄前壁翻卷和蹄角质过度生长。

# 第三章

# 负重面与蹄壳角质过度生长

修蹄的主要目的是重建蹄形和负重面。因此，有必要先系统了解正常牛蹄和过度生长时蹄形、结构和大小的变化。

## 负重面

在正常牛蹄，蹄踵和蹄壁均负重。如图3.1所示，蹄壁在远轴侧沿指（趾）外侧向蹄尖延伸，在蹄尖处向轴侧折转后，延伸至指（趾）间隙前1/3。不幸的是，经常发现在修蹄过程中过多削除轴侧壁。虽然作者认为这是一个严重的错误，但仍然很常见，可能是以下三个原因中的一个或多个所致，即：

• 当使用修蹄刀或机械修蹄工具时，斜着使用工具比平行于蹄底使用更方便。

• 轴侧壁比远轴侧壁更容易切削，因为轴侧壁角质比远轴侧壁更软。

• 有些人认为蹄尖处的指（趾）间隙应更宽。这是错误的！如果削去轴侧壁，会使指（趾）失衡致其外翻，形成变形蹄。

图3.2是刚从草场转入舍饲的一头头胎牛的蹄壳。注意图中蹄壁高于蹄底，只有当牛蹄陷入土中，蹄底才会负重。几乎所有的商业化牛场，牛舍均为水泥地面，奶牛的蹄壁会磨损至与蹄底持平，因此我们认为这

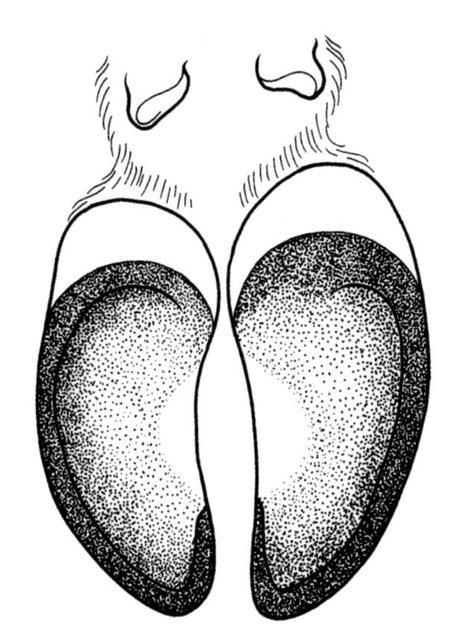

图3.1　阴影部分为蹄负重面

样才正常（图2.13）。然而，事实并非如此，如果修蹄时使蹄壁略高于蹄底，可能更佳。更常见的平蹄底意味着，虽然负重较少，但白线部及白线旁10 ~ 20毫米的蹄底仍需负重，如图3.1（42, 51, 91, 96）所示。对瑞士阿尔卑斯山区高原上放牧牛的蹄部研究已证明上述观点（151）。当牛在草地上放牧时，蹄壁高于蹄底。而在冬季舍饲期间，蹄壁在混凝土地面上磨损，蹄底部分负重。

几乎整个蹄尖均负重，且牛体重量均匀地分散在轴侧和远轴侧蹄壁上。蹄底中部非

图3.2 放牧头胎牛的蹄壁高于蹄底，是主要的负重面

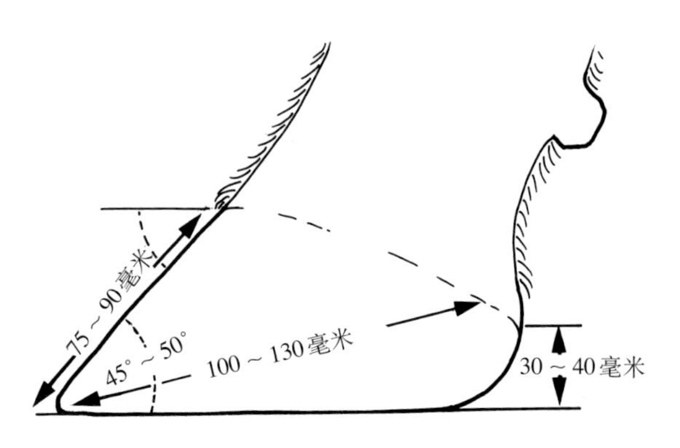


图3.3 正常牛蹄的角度和大小

阴影区不负重（图3.1），这是蹄底溃疡的发病部位，蹄骨的屈肌突紧贴蹄底，位于其上。从蹄踵到蹄尖，蹄壁和蹄底应在一个平面上，确保牛蹄与地面全面接触，从而使负重面最大。蹄角度要稍陡，约45°（图3.3），运步过程中蹄尖与地面接触切实（32, 96）。人们早已非常清楚认识到这一现象，图3.4是2 500年前伊朗波斯波利斯市（Persepolis）的一头公牛雕塑的蹄部！

图3.5和图3.6是单指（趾）的轴侧观，从指（趾）间隙方向可清楚地见到轴侧壁仅前1/3处与地面接触（即负重区域），继而向后向上延伸。

指（趾）的轴侧壁后延至蹄踵，在蹄底形成蹄弓（图3.1中非阴影区）。该区域界限清晰并呈向下开口状，在两指（趾）之间形成指（趾）间隙。正常的后蹄，外侧趾负重略多于内侧趾，所以外侧趾稍长（80）。从图3.1可见内外侧趾的差异，在图中还可见内侧趾（左）的轴侧壁较小。蹄长的差异源

图3.4 波斯波利斯市2 500年前的雕塑展示了公牛的正常蹄角度和负重面

于跖骨远端（下端），即球节（系关节）内与第一趾节骨相连的骨骼。外侧跖骨（第4跖骨）较内侧（第3跖骨）稍长。

图3.7为一头14月龄的弗里生阉牛的两趾的截面。注意，即使在这个年龄，尽管内侧趾蹄底较厚，但外侧趾（右）明显大于内侧趾。随着蹄壳的过度生长，差异会更加明显。因此，如果将外侧趾修剪到与内侧趾相

同大小，则外侧趾的蹄底将会变得过薄，最终导致跛行。这已被多人经试验证明（111）。为了改善牛蹄的负重能力，蹄前壁（从蹄尖到蹄冠）应该与水平方向呈45° ~ 50°，见图2.1和图3.1。如果蹄前壁是直的，那么蹄角度也一样（45° ~ 50°，图3.3）。

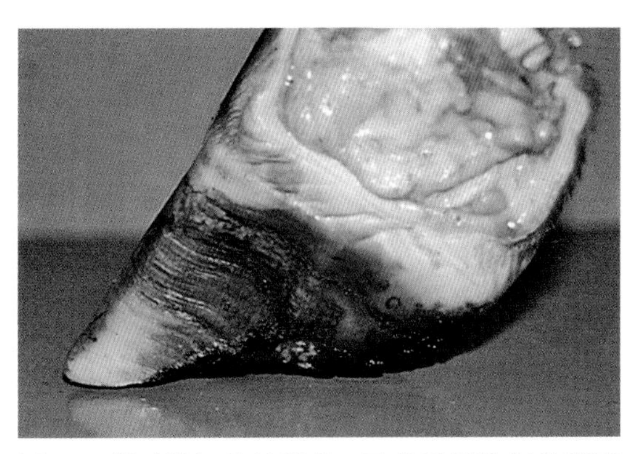

图3.5　指（趾）的轴侧观，示负重部位仅为蹄壁的前1/3和蹄踵

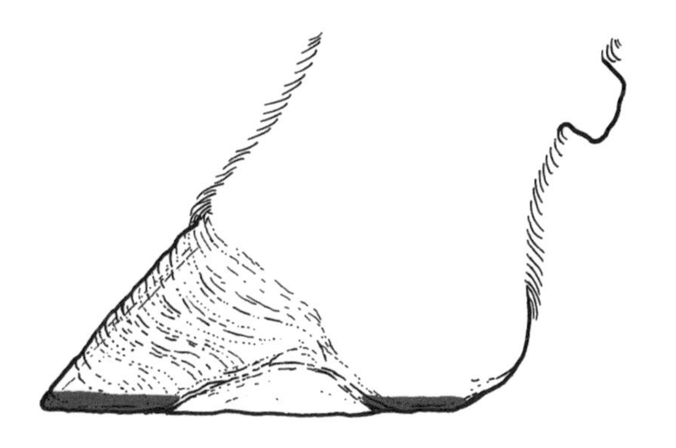

图3.6　指（趾）的轴侧观，示蹄弓、蹄壁的前1/3和蹄踵负重

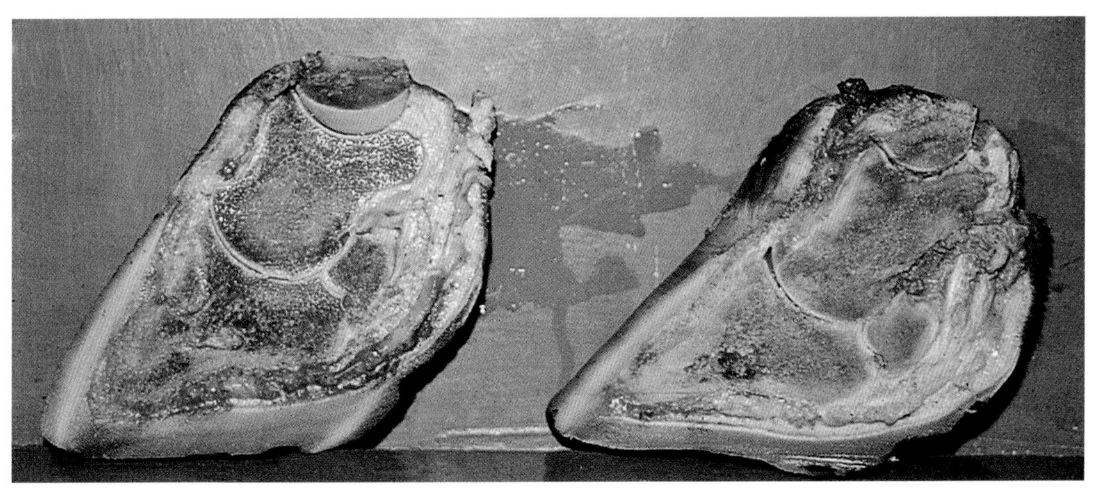

图3.7　一头14月龄的弗里生阉牛的外侧趾和内侧趾截面。注意内侧趾的蹄底略厚于外侧趾

蹄前壁长度，常称为蹄尖长度，又称嵴长度，长约85毫米，这对于许多人来说是1个手掌的宽度。这个测量范围是从蹄缘至蹄尖。也有人从蹄冠下方坚硬的角质测量到蹄尖。蹄前壁的角度（蹄角度）由蹄踵高度（后高）决定，年轻的奶牛蹄踵高度为25 ~ 35毫米，而成年奶牛蹄踵高度为30 ~ 45毫米。这些仅是平均值，正如人们所想，蹄尺寸的个体差异很大（7, 74, 85）。有研究表明，在60块正常蹄骨中，蹄骨（不是蹄壳）前缘长度的差异为50%，从约50毫米至75毫米（112）。这种差异与以

下因素有关：

• 品种：娟姗牛的指（趾）明显小于弗里生牛或肉牛。

• 年龄：头胎牛的指（趾）比成年奶牛的小，牛蹄约在第3个泌乳期时达到成年奶牛水平。

• 前蹄和后蹄间的差异。

• 相同品种的个体差异：有些个体会有异常大的和/或扁平的蹄。

一项对荷斯坦-弗里生（黑白花）奶牛的研究表明，如果将后蹄的蹄前壁长度按75毫米的标准修蹄，约有50%的牛蹄修剪过度，甚至按90毫米修剪时，也会表现为修蹄过度。

因此，修蹄时没有所谓的“标准蹄长”适用于所有奶牛，如果不确定，最好将蹄稍微留长一点。过度修蹄可导致严重跛行，但修蹄不足仅使奶牛轻微不适甚至没有影响。

许多影响蹄形的因素都有很高的遗传力，换言之，它们极有可能遗传给下一代。长蹄和低蹄奶牛的后代也会有类似缺陷（见图3.8）。对于后蹄，蹄角度具有极高的遗传力（7），所以育种时最好不要用低蹄的奶牛。研究表明（85），长蹄和平蹄的公牛比其他公牛更容易发生蹄底溃疡，这种蹄形可以遗传给后代。

相反，修蹄，即将蹄形恢复“正常”，已证明能够快速改善奶牛的步态和步态评分（72）。与未做修蹄的对照组相比，跛行的发生率降低。因此，无论是从经济效益还是从奶牛福利来讲，修蹄都很重要。

我们已经探讨了正常牛蹄的尺寸，接下来可以检查蹄的什么部位会过度生长。

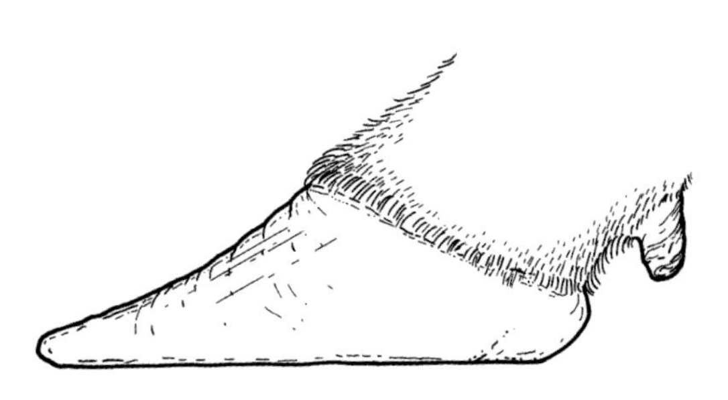

图3.8　长蹄和低蹄的奶牛最好不要留作种用

## 蹄壳角质过度生长

过度生长常发于3个部位，即蹄尖、外侧趾和蹄底，尤其是外侧趾，会导致两趾大小不一。虽然这3个部位可同时发生，但如果将它们分开考虑，则会更容易理解。

### 蹄尖过度生长

无论何时，蹄形都是生长速度和磨损速度之间平衡的结果。

蹄形=生长－磨损

蹄角质生长会受很多因素影响，同样也有一些因素影响磨损。两者之间的平衡将决定蹄形和大小。

影响因素见表3.1。

**表3.1　影响蹄壳生长与磨损的因素**

| 促进蹄壳生长的因素 | 促进蹄壳磨损的因素 |
| --- | --- |
| 饲养 | 地面粗糙程度 |
| 年龄（年轻的牛生长速度更快） | 潮湿的环境（会导致蹄壳变软） |
| 创伤（刺激生长） | 长时间站立和（或）运动 |
| 炎症（刺激生长） | 角质软化 |

整体平衡相当复杂，因为常可见同一因素对生长和磨损都有刺激作用。例如，粗

糙、凹凸不平的地面可加快蹄壳磨损的速度。但同时，粗糙的地面也会增加真皮发生创伤的机会，反过来又刺激角质生长。然而，因为角质生成更快，所以更柔软，更容易磨损。

虽然整个蹄壳的生长速度一致，但磨损速度不同，因为蹄壳某些部位的角质比其他部位更软。蹄尖处的蹄壁是蹄壳角质最硬的部位。这是因为：

• 蹄尖部的蹄壁内角质小管更多，约为每平方毫米80根，而蹄底仅为每平方毫米20根。

• 蹄尖部的蹄壁是蹄壳上角质生成时间最长的部分，已生成约16个月，而蹄踵周围的蹄壁仅生成7～8个月。

• 蹄壁在蹄尖部折转，可看作两部分蹄壁中间夹着很小一部分蹄底（图3.1）。

因此，虽然整个蹄壳的生长速度相同，但蹄踵部常磨损得最快，而蹄尖部磨损最慢。最终导致过度生长主要发生在蹄尖部。慢慢地使蹄角度从45°减小到35°～40°。

如图3.9所示，蹄冠的倾斜度增加，蹄踵的高度减小。有些过度生长的特殊病例（图3.10），蹄前壁向下凹陷，蹄尖上翘。因为这种病例的蹄尖和地面不再接触，所以蹄尖角质不会磨损，会一直持续过度生长状态。

蹄前壁的凹陷也可由蹄真皮炎/蹄叶炎导致（96）。角质过度生长主要影响蹄壁，且远轴侧较轴侧更严重。这是因为轴侧壁仅存在于指（趾）间隙的前1/3。在这种情况下，常可见蹄壁向蹄底翻卷，如图3.11和图3.12所示。

除这些蹄形外部变化外，蹄壳内也发生了显著变化。正常状态下，为便于运步，奶牛的蹄骨指向蹄尖处，如图3.13（左）所示。因此，如有可能，当奶牛蹄尖处的角质过度生长时，其运步过程中蹄踵会呈悬空状态，如图3.14所示。这显然是不可能的，当蹄踵相对蹄尖下沉时（图3.15），蹄骨上翘并使蹄踵处的真皮受到压迫。在图3.13（右）和图3.15中可以清楚地看到。因此，即使是单纯的蹄壳过度生长也可能诱发蹄底溃疡。请注意图3.13（右）中蹄骨下缘的角度变化。

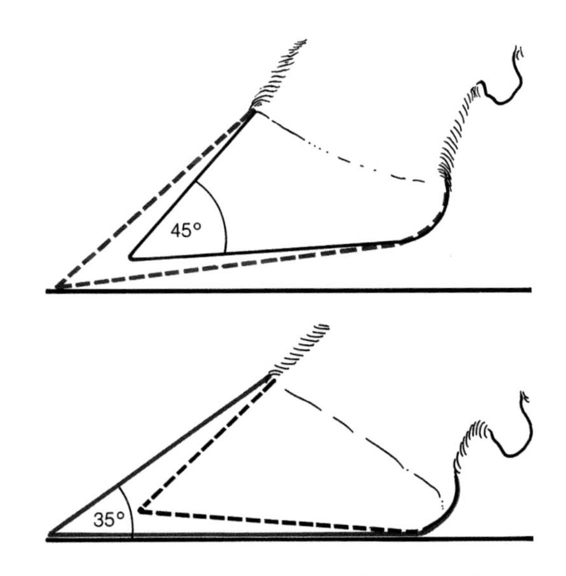


图3.9　蹄壳过度生长主要见于蹄尖部

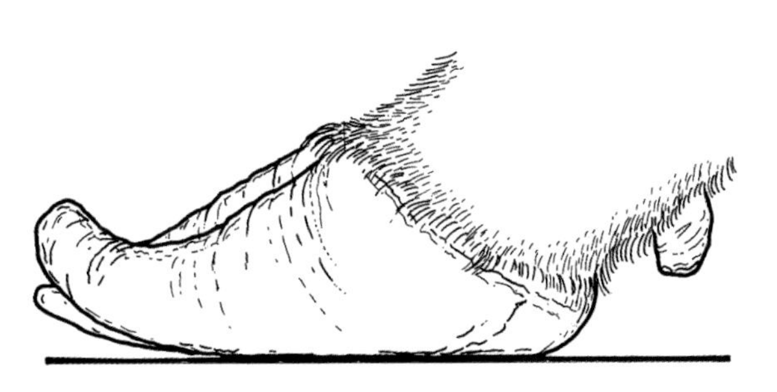

图3.10　过度生长更严重的蹄壳，蹄前壁向下凹陷，蹄尖不接触地面

图3.16中，左侧是蹄尖处角质过度生长的矢状剖面图。为了拍照，向蹄尖向压迫了该蹄，但在实际运步过程中，该牛蹄尖上翘，蹄踵负重。

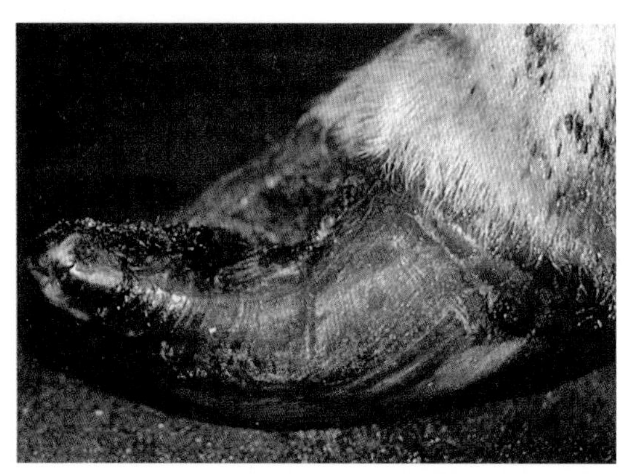
图3.11 角质过度生长的蹄。注意蹄尖与地面不再接触；蹄前壁凹陷，远轴侧壁向蹄底翻卷

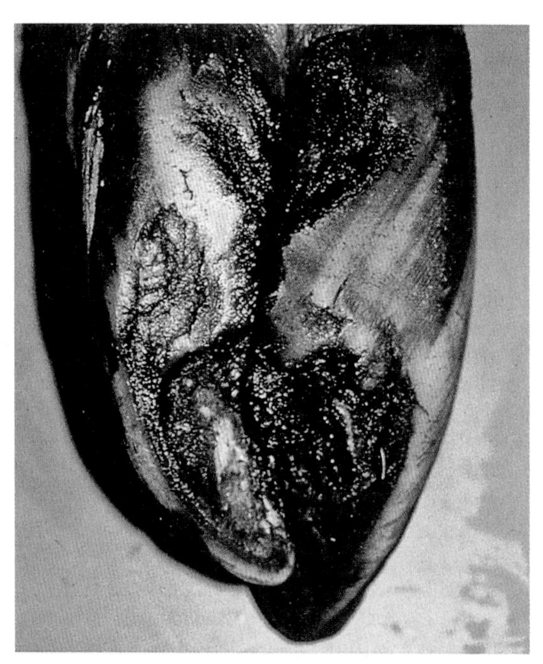
图3.12 图3.11中同一牛蹄蹄底向视图。注意蹄壁是如何向蹄底翻卷并使蹄底溃疡发病部位成为负重部的

泥浆蹄踵则会使上述问题加剧。蹄踵糜烂使牛蹄和蹄骨上翘更加严重。如图5.20和图3.17所示，如果蹄骨后缘紧邻蹄底被侵蚀角质边缘的上方，在负重状态下，蹄底会发生变形，进一步加剧蹄骨上翘和蹄部不适。

虽然蹄骨在蹄尖处仍悬于蹄前壁内，但蹄骨上翘可导致蹄骨后缘（即蹄踵处）负重增加。如图3.13所示，在负重和运动交替的过程中，上翘的蹄骨挤压蹄底真皮。敏感的真皮组织受到压迫产生痛感，因此，由于蹄尖过度生长而用蹄踵负重的奶牛可表现异常步态，其程度因蹄壳过度生长的程度而异。患牛运步时可表现出卧系或球节下沉的状态。此类症状在内侧趾表现不明显，因为内侧趾的蹄骨在蹄壳内支撑结构受到的影响较小（96）。因此，患牛运步过程中呈外八字状态，将重量更多地转移到内侧趾，以减轻外侧趾负重，如图2.38和图3.18所示。

第二章讨论了蹄底真皮受到压迫的影响，以及如何导致出血和继发的蹄底溃疡。因此，正确修蹄是预防蹄底溃疡的重要手段。

蹄尖过度生长造成的严重影响已被试验证明（91）。在蹄尖处的蹄底固定一块木楔，可增大蹄关节屈伸幅度。反过来又使蹄底承受的压力增加，使蹄底紧张，尤其是在蹄骨后缘下方的底-球结合部。试验发现，在几周内，试验组牛的蹄底比对照组明显增厚，并有蹄底溃疡的早期征兆。轻度损伤可刺激蹄底真皮并使蹄底角质过度生长（图3.19）。更严重的创伤和牵张可造成蹄底真皮的永久性损伤，并导致蹄底溃疡（91）。

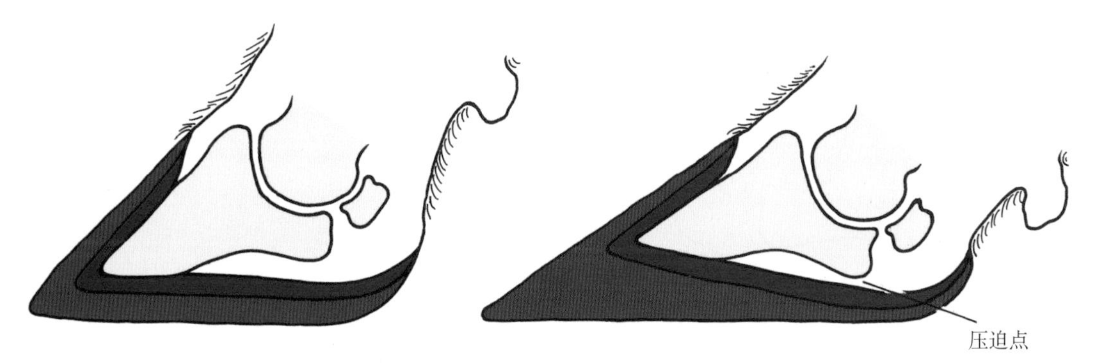


图3.13　蹄尖处角质过度生长导致蹄骨上翘，蹄骨与蹄壳间的真皮受到挤压

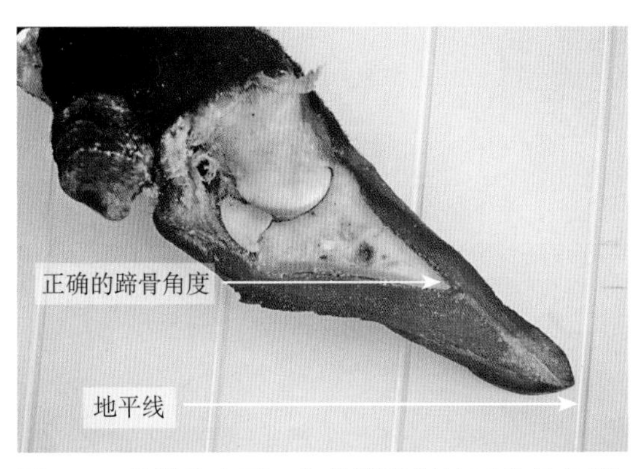


图3.14　理想状态下，为使蹄骨保持正确的角度，牛会在站立时蹄踵悬空

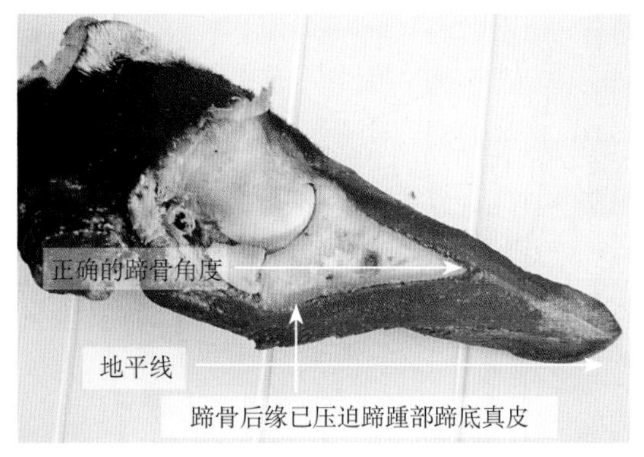


图3.15　蹄踵下沉至地面，使蹄骨后缘压迫蹄底真皮

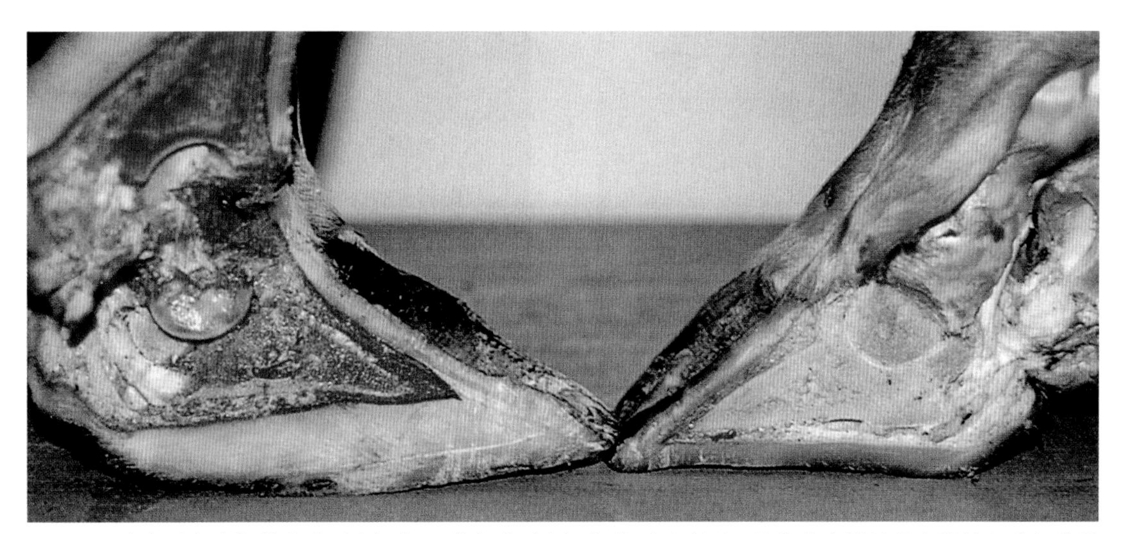

图3.16　蹄壳过度生长的牛蹄（左）与正常牛蹄（右）矢状面对比图。注意蹄尖部过度生长的角质和蹄骨上翘的状态

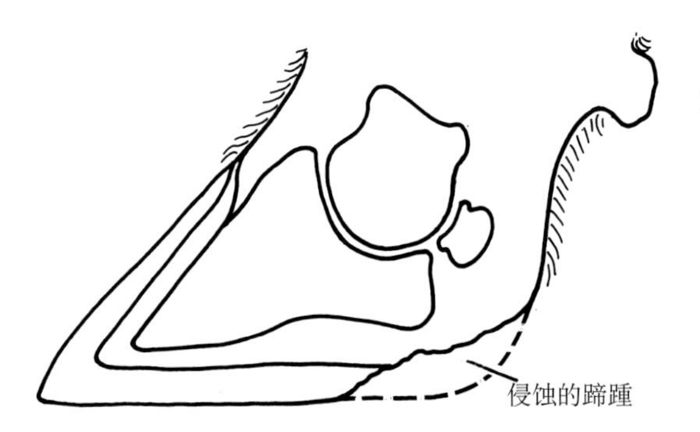


图3.17 蹄踵糜烂可进一步破坏蹄的稳定性。注意发生蹄踵糜烂的牛的病灶可前延至蹄骨后缘

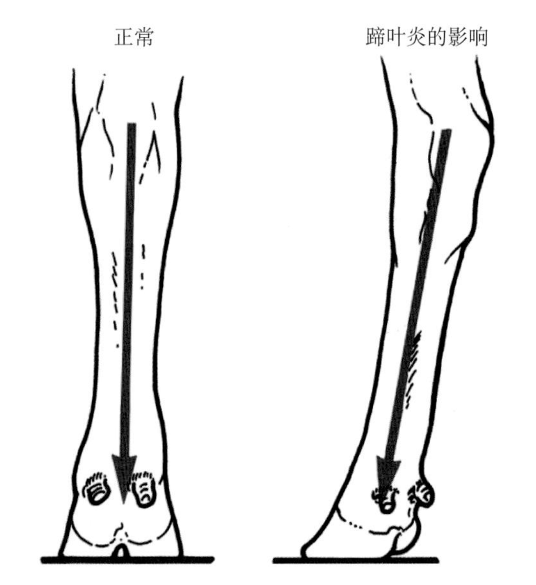


图3.18 由于过度生长和内部炎症所致的蹄形和肢势变化

## 蹄底过度生长

蹄底角质过度生长常发于后肢外侧趾，偶可见于前肢内侧指。蹄底角质过度生长常被看作是从蹄底向轴侧至指（趾）间隙生长的角质凸起（图3.19和图3.20）。蹄底过度生长可能会使之凸出成为指（趾）的主要负重部位，当然，凸出的角质恰好位于蹄骨后缘的正下方。

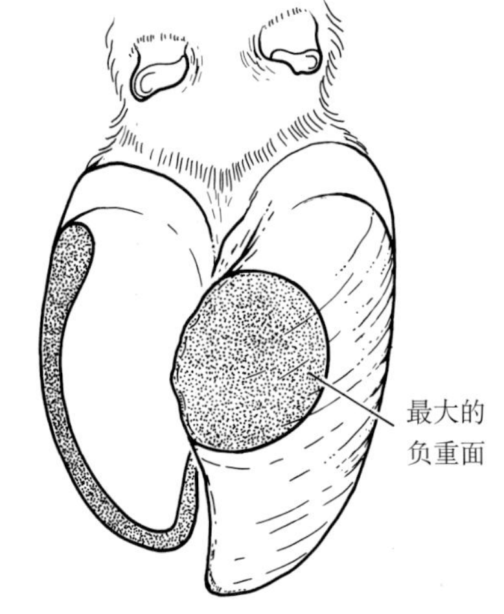


图3.19 蹄底角质过度生长常见于后肢外侧趾。现在图中阴影区域变成了负重面（可与图3.1中正常负重面进行对比）

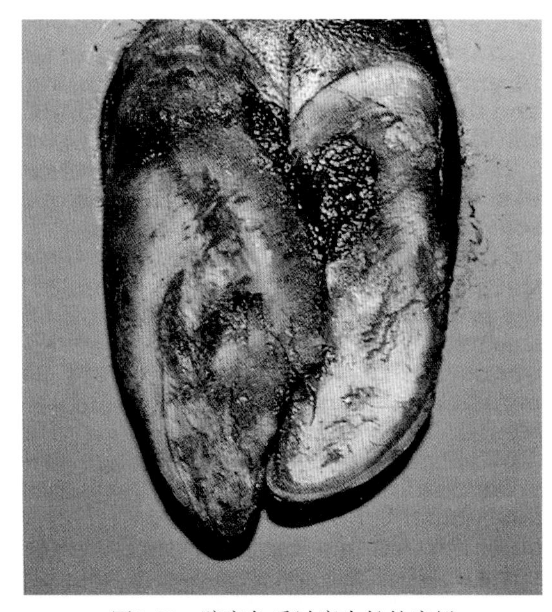

图3.20 蹄底角质过度生长的病例

有人认为蹄底过度生长是因为当奶牛在水泥地上行走时，蹄壁磨损使蹄底负重更大，继而使蹄骨屈肌突频繁地压迫蹄底真皮，最终刺激蹄底角质的过度生长，产生蹄底角质凸起。当然，角质凸起形成的同时也增加其在奶牛运动过程中压迫蹄底真皮的风险。

当修蹄时去除蹄底凸起的角质时，常可见到1个出血点，或在凸起下方的角质见到明显的出血区。在前肢，内侧指稍大于外侧指，蹄底过度生长常发于内侧指，因此使之较外侧指更常发生蹄底溃疡。

## 指（趾）的大小失衡

在蹄壳过度生长的第三部分，我们来探讨指（趾）的大小失衡。众所周知，后肢外侧趾比内侧趾大，其原因很多。例如：

• 与内侧趾相比，外侧趾的蹄骨支撑结构要弱一些，使外侧趾真皮受压程度更大。

• 正常状态下，外侧趾长于内侧趾，运步过程中更易受伤，从而刺激蹄壳过度生长。

• 后肢是奶牛的“驱动器”，在运步时推动奶牛前进。

• 在蹄壳过度生长的过程中，特别是蹄尖过度生长的病例，奶牛站立时两跗关节向内靠拢，呈外向肢势。

即使正确地修蹄，也是后肢外侧趾负重最大（98）。负重增加可刺激角质过度生长，又进一步加剧了受力过大的状态。例如，一项研究（141）在将蹄底修剪到标准深度后，测量了前蹄和后蹄蹄底面积的相对比例。在前蹄，内侧指与外侧指的比值为1.6 ∶ 1；而在后蹄，外侧趾与内侧趾的比值为2.1 ∶ 1。作者推测，后肢内外侧趾蹄底表面积的差异以及蹄骨的支撑结构较弱，可能是导致蹄底溃疡的重要因素。此外，前蹄的蹄角度更大，使蹄骨能更好地悬于蹄壳内，对指枕的压力和损伤更小。

已有研究通过测量每个指（趾）在站立和运动期间负担的重量巧妙地证明，与内侧趾的负重变化相比，后肢外侧趾负重的变化幅度更大（96）（图3.21）。当重量从左后肢转移到右后肢时，主要由外侧趾负重，直至左后肢抬离地面。在重量转移过程中，外侧趾负重达到肢总负重的80%，因此外侧趾负重变化为0～80%，而内侧趾负重变化仅为0～50%。当左后肢负重，右后肢抬离地面时，再次重复这一过程。

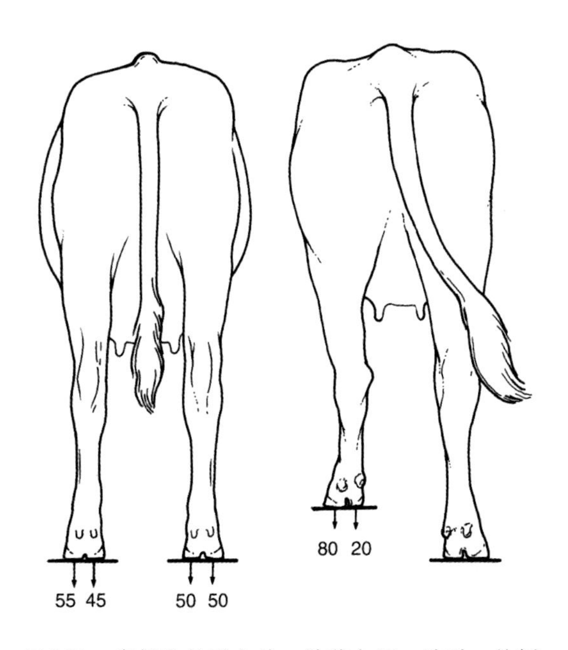


图3.21　当奶牛的重心从一肢移向另一肢时，外侧趾负重的变化比内侧趾大。这可能是后肢外侧趾易发生过度生长的另一原因

后肢外侧趾负重变化幅度增加，且可能由于蹄底过度生长而导致蹄底溃疡发病部位的损伤加剧，可使外侧趾蹄骨发生骨疣（骨骼过度生长），类似于图5.31所示的变化。蹄底溃疡发病部位处的蹄骨常可见明显的骨疣。一旦形成骨疣，则永远无法消除，使奶牛长期表现轻度跛行，并在其余生中更易发蹄底溃疡。有一个十分有趣的伦理争议，就是如果患牛没有表现出体重下降并与同群奶牛生产性能相似，那么它到底应该留群饲养还是应该淘汰以减少牛群中跛行牛的数量?

上述骨质病变可导致疼痛，使奶牛行走时改变肢势，从而使内侧趾负重增加。蹄的慢性轻度炎症和异常步态都会使外侧趾过度生长（这是许多奶牛的共同特征），从而进一步破坏蹄的平衡性，如图3.22所示。

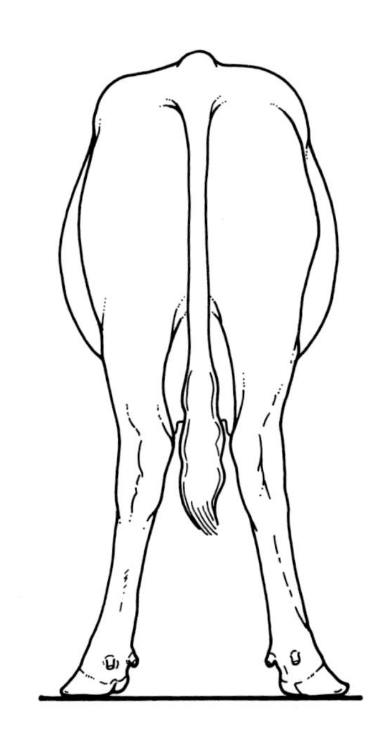

图3.22　外侧趾过度生长病例

可导致指（趾）的大小失衡的其他因素还有产犊引发的代谢变化（如第六章所述，可导致蹄真皮的变化）、在水泥地上的站立时间、乳房充盈程度。当奶牛站在光滑的地面上时，它和人类一样——双腿分开以保持平衡，防止滑倒，然后短步行进，也许步长仅为正常状态下的1/2，继而使蹄部损伤和蹄壳过度生长进一步加剧。围产期奶牛的乳房充盈且轻微疼痛，使之在运步过程中后肢呈外向肢势并呈弧形摆动，站立时两后肢会稍微分开呈广踏肢势。外侧趾与地面接触面减小，使蹄壳磨损更少，因此可能会导致过度生长。在泌乳中期，当乳房变小时，外侧趾可能已经处于过度生长状态，因此奶牛继续呈外八字的姿势站立。

上述所有过程的累积效应造成了蹄壳过度生长和奶牛蹄部的不适，尤其是后肢外侧趾的过度生长。修蹄的目的就是校正这些过程，并试图弥补管理、牛舍设计、饲养和育种不当所造成的不良影响。

# 第四章

# 修蹄

## 修蹄工具

修蹄工具和设备有很多种。图4.1中的工具均可用于修蹄。还有一些其他工具，如机械化的修蹄刀，也可达到修蹄的效果。修蹄工要按需选择合适的工具以做好修蹄工作。

### 蹄刀和蹄钳

图4.1中的双刃蹄刀可能是最便于使用的修蹄工具。或者用2把蹄刀，1把用于向前切削，1把用于向后切削。但是，用2把蹄刀时需频繁更换。由于在修蹄过程中需要不断变换修整的方向，不断更换蹄刀会使修蹄工感到繁琐。

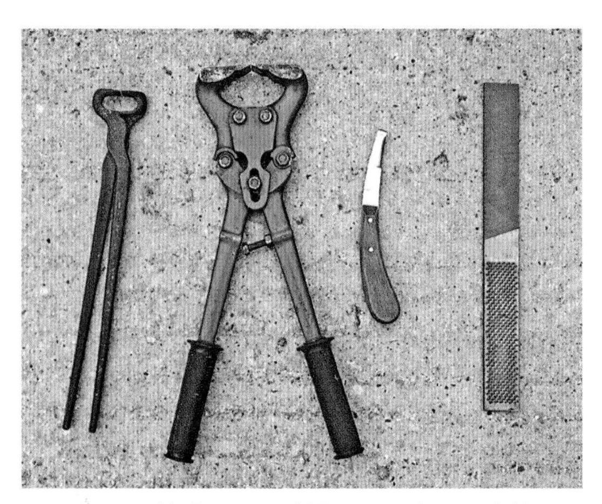

图4.1　修蹄工具：蹄钳，双刃蹄刀，蹄锉

无论使用哪种蹄刀，重要的是锋利。电动金刚砂带是磨刀的最佳选择。磨刀时，让砂带向外旋转，将刀刃放在砂带中间，保持恒定角度使约25%的刀刃被磨到。如果角度太陡，会使刀刃磨损太快，降低蹄刀的使用寿命。蹄刀磨快后擦干净，即可使用。

链锯锉很小，可进入蹄刀尖的钩刀内，因此，非常方便用于磨快此处的刀刃。不用时，可将锋利的蹄刀包裹在布中或插入废挤奶杯内衬内，以保护刀刃。

修蹄时，尤其是在寻找蹄部化脓性潜道时，最好用蹄刀侧刃切削，如图4.2所示。如果仅使用蹄刀的钩刀部分，会在蹄上形成多条线状削面，将使病变部位的识别更加困难，还会增加修蹄时间。

使用蹄刀修蹄时，不要用蹄刀简单地垂直向下切削。使用蹄刀时，就好像要切一片面包的动作一样，不要将刀直接推过面包，而是以一定角度和锯切动作用刀。修蹄时，将蹄刀从蹄踵轴侧向蹄尖方向推动（即从左

图4.2 双手持刀，保持削面平整。向斜下方以锯切的动作运刀

到右，图4.3)，实现锯切动作，使切削角质更加容易。蹄壳特别坚硬时（如在干燥的夏季)，保持刀片湿润会更省力。

个人而言，我发现站在牛后侧，面向后方，有时将牛蹄放在我的膝盖上，是修蹄的最佳位置（图4.3)。如果用双手握住蹄刀并向下推动切削，大部分切割力都来自肩部。此外，这是可以观察到各指（趾）的理想位置，在修蹄完成时方便观察两指（趾）的平衡和负重面是否平整。然而，一些修蹄者喜欢面向牛蹄，并向其身体方向拉动蹄刀来修蹄，当然，如果使用翻转修蹄架时可这样做。

可以使用蹄钳剪除蹄尖处多余的角质(图4.1)。虽然图4.1中间那种较大的蹄钳可以一次剪掉更多的角质，但我目前使用的是左侧那种蹄钳。也有人喜欢用蹄剪切除多余的角质。

在完成修蹄后，可用蹄锉修整蹄缘和尖角。最后还可用蹄锉找平蹄底，以确保负重面的平整。蹄锉还可以用于检查蹄尖处的轴侧壁和远轴侧壁的高度是否相同。

如果要修整大量的牛蹄，必须戴上防护手套。戴手套可使修蹄者施加更大的力到蹄刀上，并避免蹄刀在修整湿润或肮脏的牛蹄时滑脱。你只需要看看一双布手套在修蹄时磨损的速度有多快，就知道你的手会受到多大的伤害！戴护臂（未示出）也可使修蹄工作更轻松。护臂可以保护您的前臂，避免用力过大时被划伤。

图4.3　修蹄的最佳位置：面向后方站在牛的后侧，可将牛蹄放在修蹄者的膝盖上

## 电动工具

如果要修整大量的牛蹄，就需要角磨机或电动修蹄刀盘，但重要的是你必须首先正确地学习如何用蹄刀手工修蹄。

除非使用者特别熟练，否则，使用电动工具的常见危险是将蹄底角质切削过度或使蹄底过平。最后的修整仍需使用蹄刀完成。

我曾见到有人用电动修蹄刀盘削除蹄壁角质，无论是远轴侧还是轴侧，以使牛蹄看起来更小、更“美观”。这是一个非常危险的行为。如果将蹄壁切削过多而使蹄底和白线的软角质负重，则会导致修蹄后很快发生蹄磨损过度、薄/软蹄底和严重的跛行。

有人提出，有些角磨机会导致蹄角质过热，继而造成蹄角质的损坏和弱化，但试验表明并非如此（63）。

## 奶牛的保定

再次声明，奶牛的保定方式是个人选择。只要奶牛受到约束和支撑，使其不会过度挣扎或自我损伤，并且绑好蹄部以免对操作者造成伤害，有良好、充足的修蹄操作空间，那么，保定是否正规并不重要。

我个人对使用翻转修蹄架的经验非常有限。我发现使用翻转修蹄架时，牛蹄不是处在最理想的修整位置，也不利于观察蹄形。此外，我知道很多人都使用这种设备，如果要修剪大量的牛蹄，任何可以使工作更方便快捷的方法都值得考虑。

立式修蹄车的腹带可以很好地吊起牛体，但使用时需要准备时间，有时，牛在吊起、支架提升和放牛前降落到地面上会浪费一些时间。

对于前肢而言，用1根绑带将前蹄吊在肘部后方即可达到很好的保定效果，当绑带的位置合适时，奶牛会更安静地站立。将绑带扎在前肢远端，另一端固定在颈部上方而非胸部上方的位置上，使之呈前上后下的斜向位置，但不可压迫奶牛的胸部。如果使用腹带保定，当腹带上端滑到奶牛的肋骨后面时，会引起奶牛的不适，继而四蹄离地蹬踏。这种状态下很难将腹带解开。

用于提举后肢的绞盘，应有一个安全的自锁装置和一个大的绞盘或一个减速螺丝来转动提拉后肢。我曾见过几个修蹄工，在奶牛无意中挣扎导致绞盘释放时暴跳如雷和手部受伤！

使用绳索保定时，我习惯使用图4.4所示的柱栏保定方式。可将绳索绑在飞节上方，使用在提拉过程中不断收紧的滑结，从而避免奶牛挣扎。将绳索在侧方横杆和后肢一起环绕2圈后拉紧，这样就起到了“滑轮”的效果。

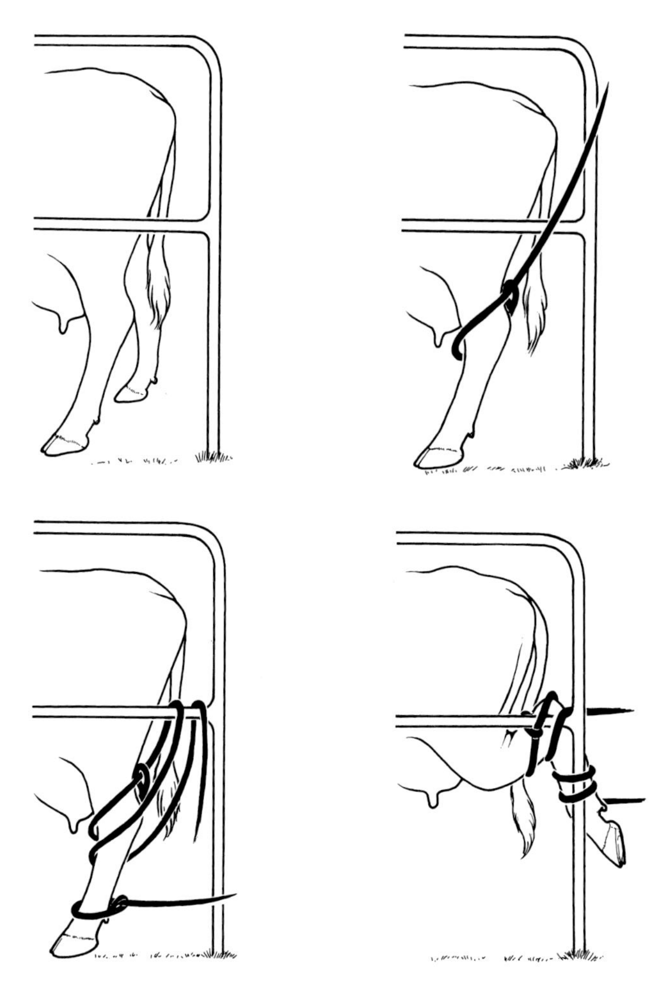

图4.4　用2根绑绳提拉并固定奶牛的后肢，将飞节部位安全地固定在后方立柱上

再用一根绳索系在球节上方。回拉这根绳索使牛轻踢，从而提起后肢。同时拉动绑在飞节上方的绳索，拉起后肢。飞节部固定在横杆上并使小腿与横杆齐平，将球节固定在立柱上。将奶牛后肢捆牢，减少其挣扎，这样让另一后肢负重，以免在操作的过程中奶牛卧下。这种保定方式最好由2名操作者配合完成。

另一种保定方式是使用一根绳索即可完成，如图4.5至图4.8所示Pepper氏蹄绳。它由1条腿带、1根软绳组成，一端带有扣钩，绳上有1个卡扣，距离扣钩很近。所用的绳索要粗细适中，以便操作并让奶牛舒适。

如果使用绞盘提拉后肢，请确保绳索末端的金属扣钩不会损伤牛腿（这种情况经常发生）。可用1条50毫米宽、每端1个金属D形环的短带作为腿带，D形环一大一小（图4.5）。腿带绑在飞节上方，小D形环穿过大D形环，然后用金属扣钩挂住小D形环。

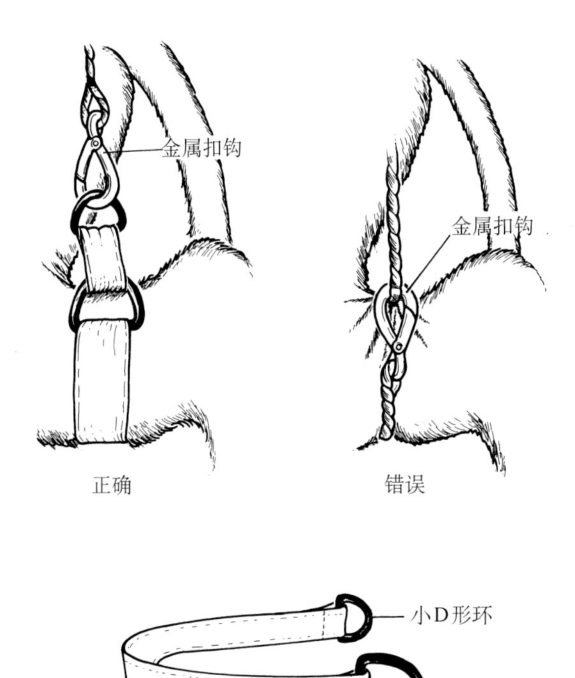


图4.5　不要用末端带扣钩的绳索直接绑扎在飞节上方。使用1条腿带（图片下部所示）或1圈短绳将会使奶牛感到更舒适并促使其驻立

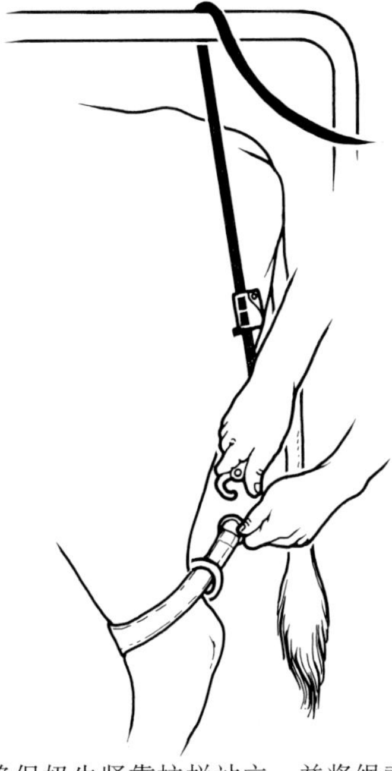

图4.6　确保奶牛紧靠柱栏站立，并将绳索放在上方横杆或横梁上。将腿带绕在飞节上方的后腿上，将小D形环穿过大D形环，用扣钩将绳索扣在腿带上（D. Pepper）

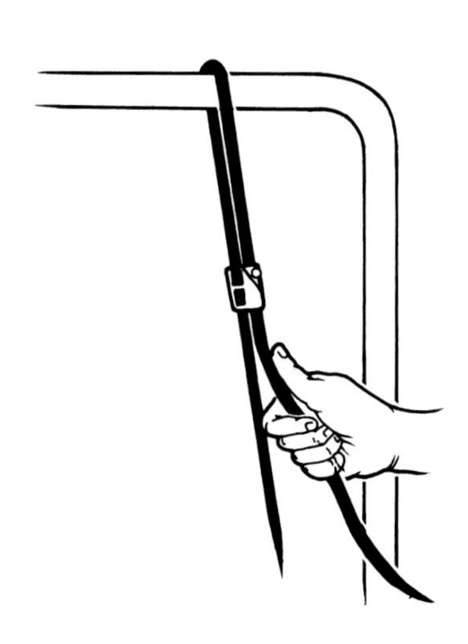

图4.7　将绳索的游离端穿过卡扣内部的防滑钉，然后向下穿过卡扣。轻轻向下拉动绳索即可松开，不会造成后肢紧张（D. Pepper）

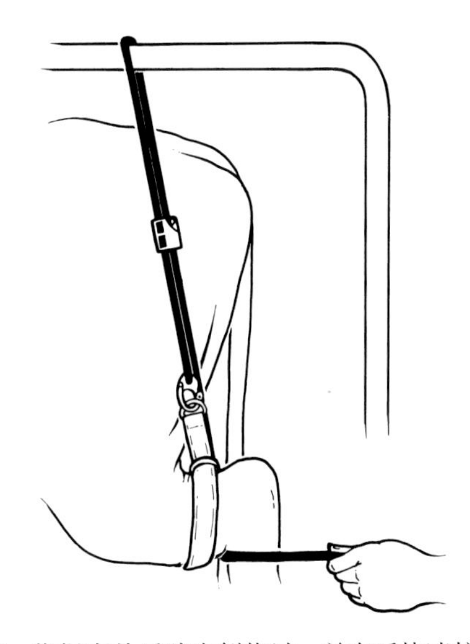

图4.8　将绳索从后肢内侧绕过，并向后快速拉动，注意操作时要保持安全距离。当牛踢腿时，拉紧绳索，这样可每次调整腿部位置时，绳索都被卡扣固定。在达到牛和操作者最舒适的高度后，用绳索的游离端将腿固定在方便操作的位置上（D. Pepper）

一端绑有小金属环的绳索是腿带的简化版，对于用腿带作为“套索”（图4.5）还是直接使用吊索，因人而异。有人认为，如果腿仅由吊索吊起，即大环和小环都连接到金属扣钩上，那么绳索就不会像图4.5中那样勒入皮肤，牛也会更安静。

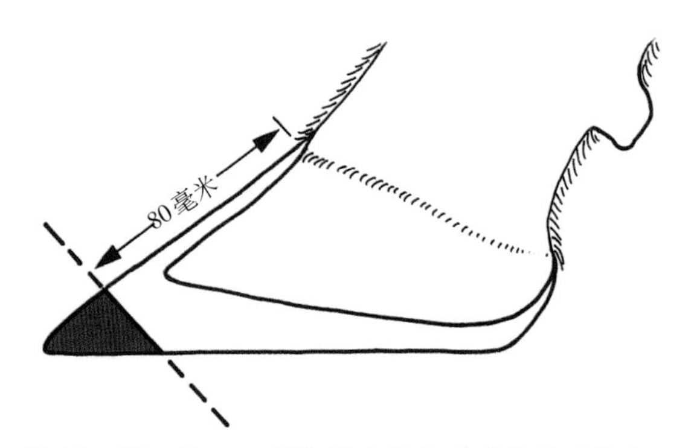


图4.9 第一步——剪除蹄尖部角质使蹄前壁恢复正常长度，即80～90毫米或一掌宽

## 修蹄技术

修蹄的目的是重建蹄形与负重面。为了更好地理解修蹄过程，应仔细阅读第二章和第三章，这两章系统地描述了正常的牛蹄以及蹄角质过度生长的过程。且已叙述了多种不同的修蹄方法，所有方法的最终目的相同，即重建负重面和阻止蹄病的恶化。

下述修蹄方法分为四步，因为修蹄过程中蹄形会逐渐恢复原状，所以相邻的两步会互有交叉。

### 第一步

将过度生长的蹄前壁剪至正常长度，从冠状带到蹄尖长80～90毫米（图4.9）。约为一只手的宽度，即四指指关节处的宽度，虽然每个人的手宽会有所不同，但可用于简单估测。个人而言，我习惯于将手从蹄前壁放在指（趾）间隙中估测，因为指（趾）间隙的深度提供了一个固定的标记点。当食指紧抵在指（趾）间隙的皮肤处时，应该在小指的指关节处剪除多余角质。

通常情况下蹄前壁的长度为一掌宽，但稍留长一点比剪掉过多更好一些。第三章中已经讨论了影响个体奶牛蹄大小的多种因素，并表明个体奶牛蹄前壁的长度有50%的变异，因此，这种方法只能用于估测，对于不同的个体必须单独评估。

第一步的角质剪除角度是与蹄前壁垂直，而非与蹄底垂直，这样可减少第二步的角质削除量，虽然这一点量并不那么重要。

在第一步完成后，蹄尖处形成断端，如图4.10所示。将其与图4.11进行比较，图4.11是修剪前的同一牛蹄。图4.12是蹄尖修剪后的特写。请注意，在蹄尖处，蹄底上不再能看到白线，但在断端可见。虽然蹄的长度已恢复正常，但蹄尖仍然太高，且蹄骨仍向后朝向蹄踵反转。蹄尖处看不见白线表明蹄前壁不负重。

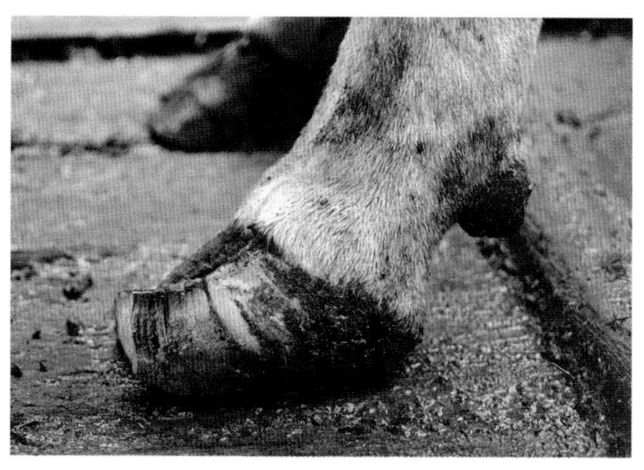

图4.10 第一步完成后，蹄尖呈断面

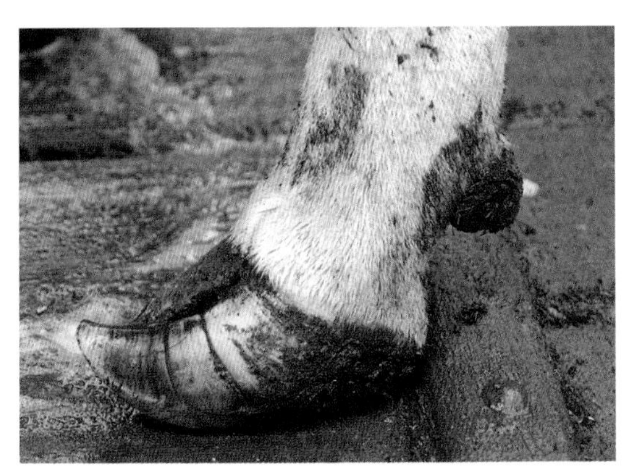

图4.11　图4.10中所示牛蹄修剪前的状态

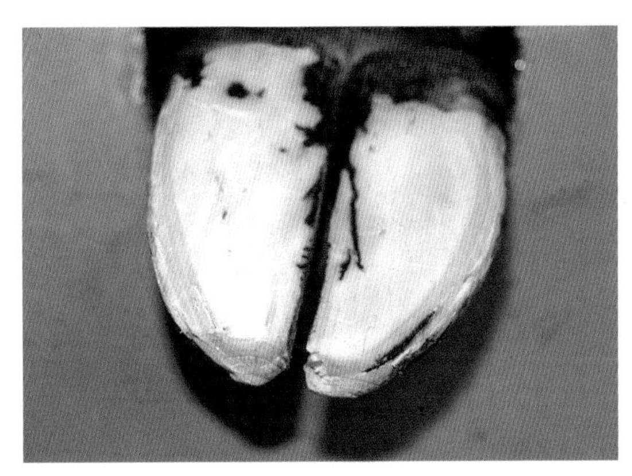

图4.12　从蹄底表面不一定能看见蹄尖处的白线，但在修剪的断端处可见

图4.13所示蹄尖处过度生长的程度。这是一头奶牛屠宰后的蹄标本，用于剪除蹄尖角质以确定蹄骨尖的位置。在修剪过程中可以观察到蹄骨下方需削除的角质的量。该蹄蹄壁也严重过度生长，与图3.11和图3.12相似，这导致了蹄骨向后翻转。在修剪过程中要小心，因为蹄骨的翻转可导致真皮露出。

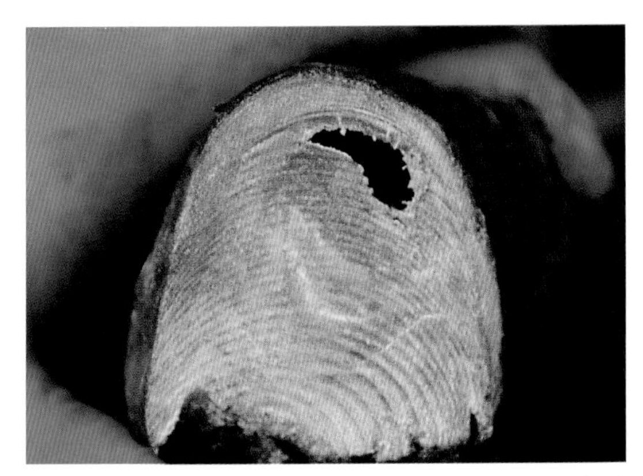

图4.13　这是蹄尖的横截面，以示蹄骨的位置和需削除的下方过度生长角质。该指（趾）的蹄壁严重过度生长，导致蹄骨翻转。在修剪过程中要小心，以免露出真皮

## 第二步

从第一步修整后的蹄尖处A点到蹄踵部B点画1条线，然后将这条线下方的角质全部削除，即削除图4.14中的阴影区域。其中包括从蹄尖处去除的角质。如果第一步位置无误，则不会有削穿蹄底的危险，且修蹄完成后蹄尖处蹄壁能够负重。在修蹄的过程中，要不断用拇指按压蹄尖处的蹄底以确定蹄底的厚度。一旦感到蹄底角质变软，必须停止对蹄底的进一步修整。如果蹄底是柔软的，证明已经修整过度，会增加蹄底发生挫伤的风险。如果第一步蹄前壁留的长度太短，就会发生这种情况（图4.15）。第二步是对整个蹄底进行修整。

另一种常见的错误如图4.16所示。第一步蹄尖角质切除过多，为了避免削透蹄底，蹄尖处留下断面。这意味着脚尖处的蹄壁不负重，此时蹄尖处的蹄底变成负重点。这会导致蹄底挫伤和牛的不适。

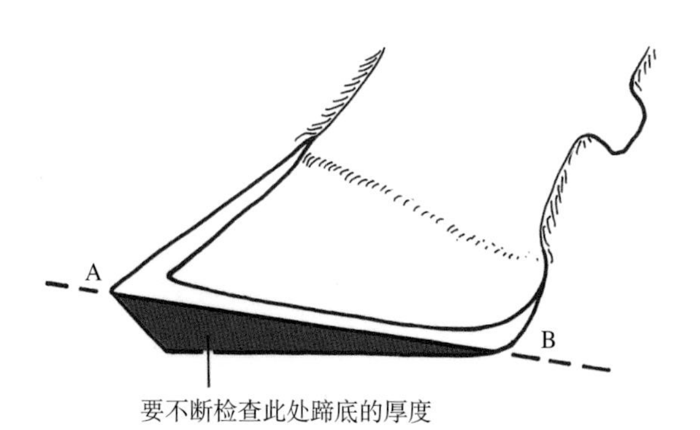


图4.14　第二步——削除蹄底多余角质，特别是蹄尖部，以保证蹄前壁与地面恢复45°角

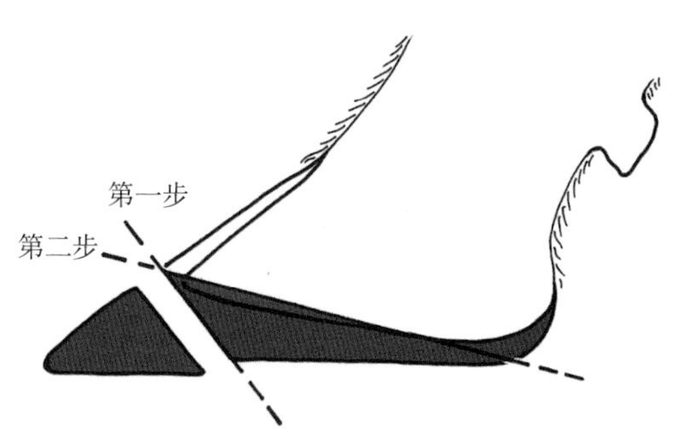


图4.15　第一步使蹄前壁长度过短。第二步时易造成蹄尖处蹄底被削穿，继而露出真皮

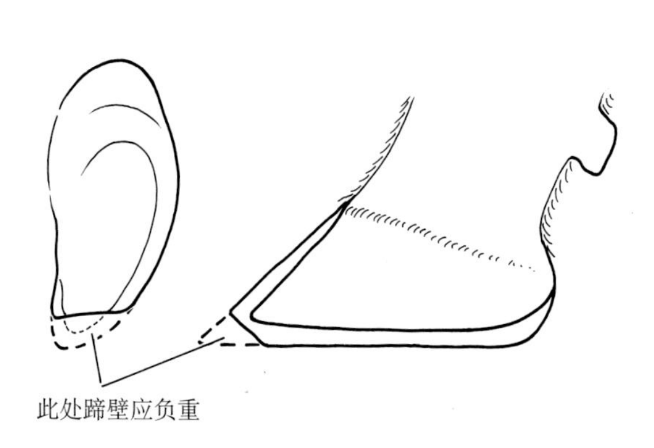


图4.16　仍是第一步蹄尖削除过多，导致修蹄后蹄尖处留有断面。蹄前壁不能负重

然而，假设第一步处于正确的位置，第二步修剪多余的角质后可在蹄尖处蹄底见到完整的白线，如图4.17所示，这是与图4.12中相同的一只牛蹄，但是与图4.12相比，已完成了第二步修蹄过程。

从蹄尖处剪除角质可使蹄壁恢复到更合理的角度，即正常状态下约呈45°，如图4.18所示。蹄前壁恢复负重，且蹄骨向前倾

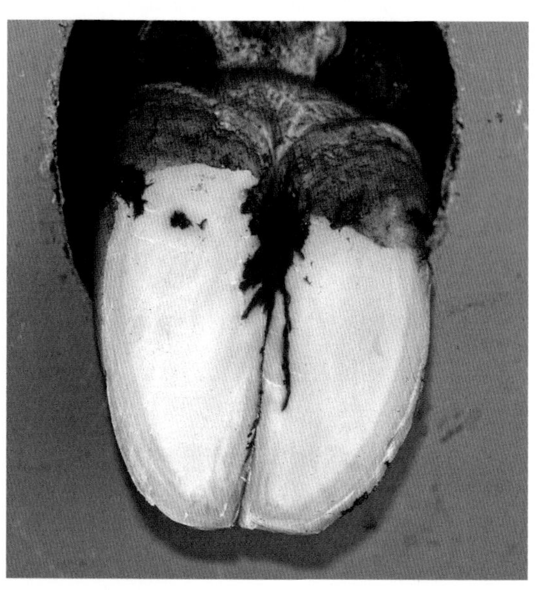

图4.17　第二步。从蹄尖向蹄踵削除蹄底多余角质，重现负重面与白线

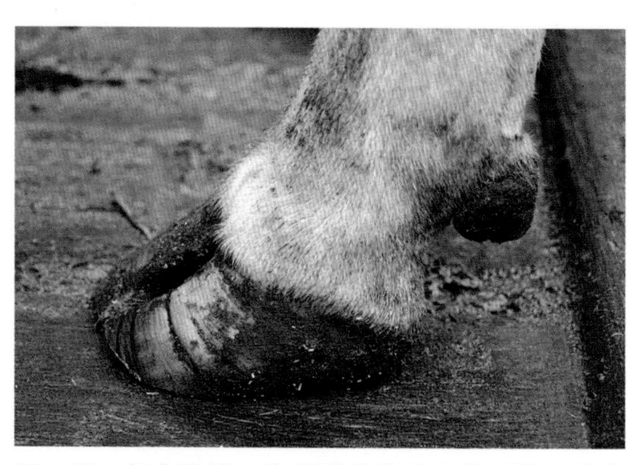

图4.18　完成修蹄。注意蹄前壁的角度更陡。蹄尖与地面间仍有小的空隙，可能由于修蹄时保定导致其腿部受到压迫所致

斜趋于正常位置，从而降低了蹄骨后缘对蹄底形成的点状压迫，并保护指（趾）枕免受过度损伤。

第二步开始时可用蹄钳修剪多余角质，图4.1中最左侧的小蹄钳更便于使用。修剪时从蹄尖向蹄踵方向逐步剪除多余角质，注意每次剪除的角质应逐渐变窄，至蹄踵处完成修剪，剪掉的角质呈楔形。这样剪除蹄尖的角质有助于蹄角度的恢复。

图4.19至图4.21为第一步和第二步修蹄时蹄的矢状面图。注意图4.19中蹄尖处的角质过度生长，但蹄踵处于正常高度，这会使蹄骨向后翻转。

在第一步完成之后（图4.20），蹄前壁和白线不再与地面接触，即它们不再负重。第二步将蹄尖修整回负重状态并使蹄骨更趋于正常（图4.21），蹄角度变大。有些修蹄工在奶牛进入冬季牛舍前修蹄时，在蹄尖处留下5毫米长的蹄壁，从而允许蹄尖处蹄底的角质生长。我看不出这种做法的优势。我从未见到无论是新出生的犊牛还是放牧的奶牛蹄部呈现这样的状态。

修剪蹄踵时要慎重。蹄踵通常不需要做任何修剪，削除了蹄踵角质可能会适得其反。这是因为从蹄踵上削除角质会使蹄尖上翘，蹄角度变小，增加了对指（趾）枕的压迫，抵消第一步修蹄中所达到的部分目的。如果蹄踵角质严重凹凸不平，可能需要对一些较大的裂隙进行修整，但在大多数情况下，最好不处理“泥浆踵”的小病灶，可通过浴蹄治疗（见后面的章节）。

图4.19 一个过度生长的指（趾）。注意蹄尖处过度生长的角质

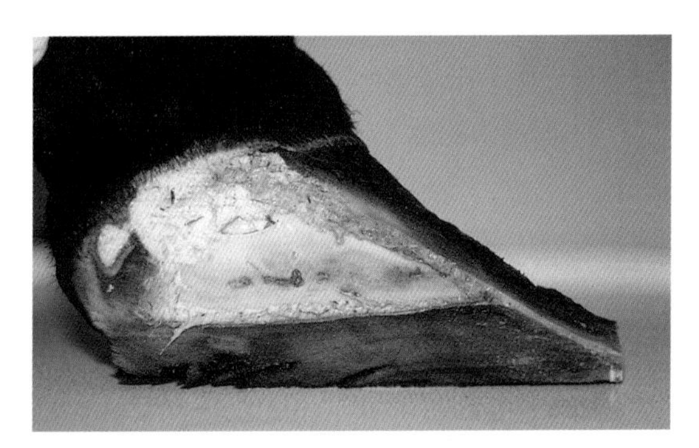

图4.20 图4.19中角质过度生长的指（趾）完成第一步修蹄后。蹄尖处的蹄壁和白线不再接触地面

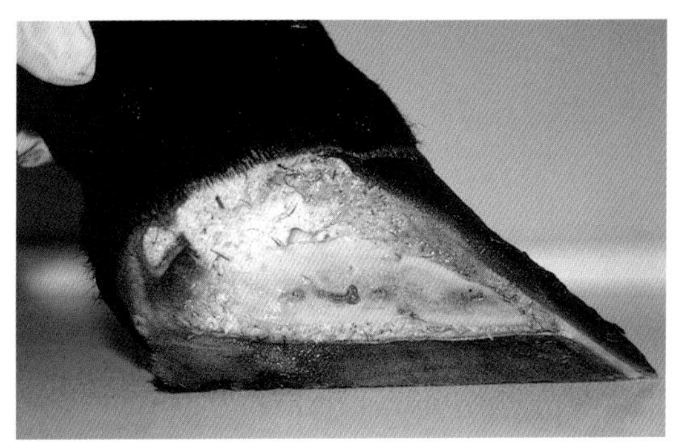

图4.21 完成第二步修蹄的指（趾）。已重建正常的负重面

## 第三步

第三步先削除外侧趾（或前肢内侧指）蹄底多余的角质，如图3.19和图3.20所示。这一步要将两指（趾）蹄底靠近轴侧的中央削成“盘”状（图4.22），使其免负重。

本步骤可使指（趾）间隙的空间加大，以减少异物和污物对指（趾）间的影响。指（趾）间隙增宽能降低发生蹄皮炎的风险（111），还能使腐蹄病和指（趾）间皮肤增殖的发病率下降[指（趾）间皮肤增殖也称指（趾）间纤维瘤、鸡眼、增生或胼胝体，病变的正确名称为指（趾）间皮肤增殖，因为它们是皮肤的过度生长]。指（趾）间隙的空间增大可减少异物对增生物的压迫，有时可使其自愈。

只能将蹄底的中间1/3部分削成“盘”状凹陷。前1/3，靠近蹄尖部的轴侧壁（C-D，图4.22）必须保持完整。它是负重面的一个重要部分，应与远轴侧壁同高。

第三步完成后，图4.22中的第1、第2、第3和第4点都应保持相同的高度，或者说在同一水平面上。

对轴侧壁C-D处的角质削除过多是许多修蹄工常犯的错误。修蹄完成后，蹄尖不应该接触的理论是不正确的。如果轴侧壁削除过多，则指（趾）会变得非常不稳定，因为这会导致仅由远轴侧壁起到支撑作用。过多的削除轴侧壁也可导致此处的真皮裸露，我曾多次看见因该处修剪过度而造成奶牛发生严重跛行。那些累及轴侧壁的白线脓肿和双层蹄底的问题多会导致严重的跛行，并且恢复时间很长。

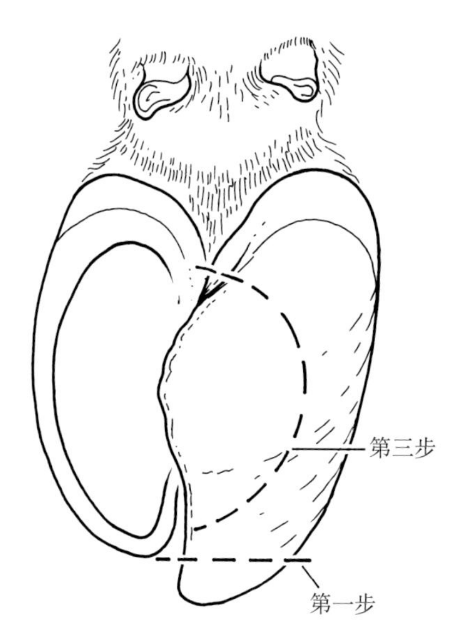


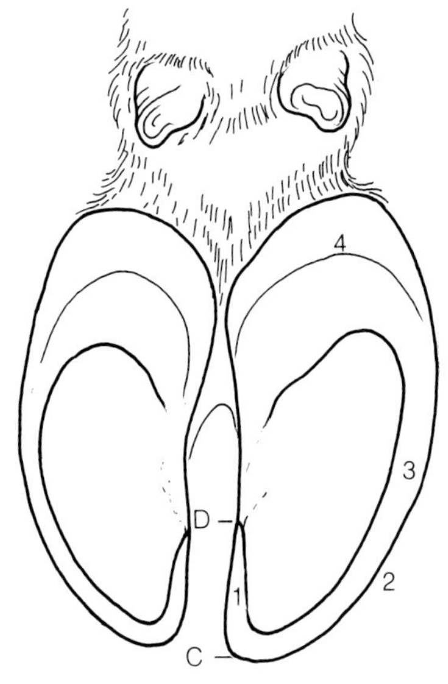


图4.22 第三步——削除蹄底过度生长的角质以重建负重面，要注意不要扩大到蹄底溃疡的部位。这一步有时称为重建蹄底

# 第五章

# 常见的蹄病及其治疗

在讨论第六章中影响跛行的各种因素的预防之前，本章先说明引起跛行的常见病变及其治疗方法。"病变"一词是指组织中的病理变化或病症的术语，在此主要指蹄部的病变。大多数治疗现在都由经过培训的牧场工作人员或修蹄工进行，但必须经过系统培训。在状况不明时，应咨询专业兽医。除福利之外，任何错误决定均可增加其后的蹄病治疗成本，甚至可导致很有价值的奶牛被淘汰。已证明尽早识别跛行的奶牛，并进行早期治疗，对治愈率影响巨大。英国的一项研究（113）表明，如果将轻度跛行牛（步态评分2分）的治疗时间推迟2周，则表观治愈率会降低15%。长期跛行的奶牛治愈率较低。尽管如此，新西兰的一项现场研究（137）表明，只有50%的步态评分为4（分值范围1～5）的奶牛在1周内得到治疗，25%的牛长达1个月都被忽视。

这种影响的量化结果就是（143），患有蹄底溃疡的奶牛比没有蹄底溃疡的奶牛平均在群天数少457天，而白线脓肿的患牛较没有白线脓肿的奶牛平均少在群354天。

引起跛行的大多数病变见于蹄部。目前为止，最常见的蹄病是蹄底溃疡、白线病、蹄皮炎和腐蹄病。第一章和表5.1给出了不同疾病的发病率。导致跛行的病变可分为以下几类：

• 蹄角质病变：如蹄底出血（挫伤）、白线病、蹄底溃疡、蹄踵溃疡和蹄尖溃疡、异物刺伤、横裂和纵裂、蹄尖坏死和泥浆踵。

• 骨病变：如蹄骨和舟状骨的疾病。

• 皮肤疾病：如指（趾）间皮肤增殖（增生或鸡眼），以及感染性疾病如蹄皮炎、指（趾）间坏死杆菌病（腐蹄病）和泥浆热。

## 蹄角质相关病变

### 蹄底出血（挫伤）

蹄底出血或蹄底挫伤，是一种临床表现，是奶牛在发生蹄真皮炎/蹄叶炎后导致其他蹄病变发展过程中的一部分。换句话说，蹄底出血常先发于白线脓肿和蹄底溃疡。此处作为单独的病变列出，以便参考。第二章详细论述了蹄底出血的发病（形成）机制，特别是图2.28至图2.30。除溃疡部位外，蹄底其他部位也可见出血区域、角质软化和/或颜色变黄的情况，且可能伴发溃疡或白线病。典型示例见图2.13和图2.27。如第二章所述，角质颜色变黄是由于血浆自真皮漏出所致。

这些变化常与该指（趾）其他疾病的发病率升高相关，有时被称为亚临床蹄叶炎综合征（SLS）（50）。然而，对这些变化的显微镜检查表明，尽管生甲质（角质形成组织）缺失，但并非是原发性炎症（蹄叶炎）（91）。蹄底出血的原因很多，如物理性、代谢性、管理性和营养性因素，这些都将在第六章中讨论。

## 白线病

第二章中已讨论了白线的详细结构以及蹄真皮炎/蹄叶炎对角质弱化的影响，复习相关内容有助于对本节内容的理解。一旦白线角质变弱，小块的污垢，甚至是稍大的石子，如果它们有锋利的边缘，都可能刺入白线。最常见的病变部位是靠近蹄踵的远轴侧壁处（图5.1，图5.9中的区域3）。

可能的原因如下：

• 牛蹄与地面接触时，该点受到的冲击力和负重最大。如果蹄尖角质过度生长，因蹄尖上翘，会导致该点的受力增加，在运动的过程中对蹄壁造成的压力更大。

• 在运动过程中，该点还是坚硬的蹄壁、内部的蹄骨和较软的蹄踵角质的结合点，同时还受到指（趾）枕萎缩的影响，其运动范围及受力最大。在奶牛发力急转的过程中尤为明显。

• 该部位的角质较软。首先是因为此处角质小管密度较低，即每平方毫米角质小管较少；其次是因为角质较新，比蹄尖处的角质成熟度低（142）。

如图5.2所示，白线病患牛常可见嵌入白线内的石子。人们常认为这是导致跛行的原因，但并不完全正确。由于患处白线很脆弱，石子就会刺入蹄壳。如果白线是健康的，那么石子就不容易刺入。但这种情况一

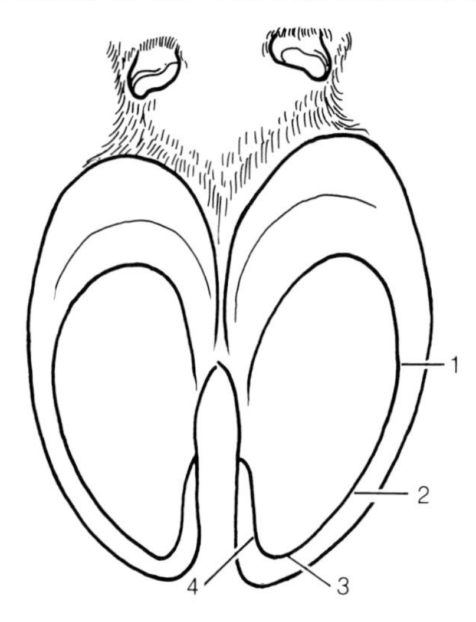


图5.1 蹄底异物刺伤和白线病感染常见的位置，各点重要性次序递增（1→4）

图5.2 嵌入白线裂隙内的石子

旦发生，石子就像楔子一样，挤压蹄壁和蹄底使白线的缝隙扩大。

在白线裂隙被污垢或石子侵入后，可能发生两种情况。一种情况是蹄壳和白线的持续生长，可能会将异物挤出到表面，使之磨损并脱落，从而留下健康的角质。另一种情况是白线进一步软化，或者可能踩在另一块石头上，可迫使异物更深入直抵真皮。很显然，这些异物会导致感染。潜匿的细菌大量繁殖，刺激奶牛的防御机制产生脓液。脓液积聚导致局部压力增加，正是这种压力使敏感的真皮疼痛，表现跛行。

有时污垢不直接接触真皮。如果从真皮到蹄底有小裂隙，使出血能够穿过白线，也可导致细菌侵入并形成脓肿。另外，还可能因为蹄真皮炎产生无败性脓液，导致假蹄底和跛行。图5.3显示了蹄踵处白线上的2个小孔。挖开后见到了其下的空腔（图5.4），彻底清除其上所覆的角质（图5.5）。即使如此，仍未展现病变的全部范围（图5.6），因为图5.5中的黑色区域下方存在大的脓肿。这一组图片显示了对蹄病病灶彻底清理、观察的重要性。如果图5.4所示，仅在蹄壳上做一个小开口，跛行可能会持续存在。

虽然可沿白线上有污垢的潜道探寻病变，但潜道周围的角质常可能呈闭合状态，其中脓液无法排出。因此，随着脓液积聚，逐渐在真皮（表皮覆盖）和蹄壳之间扩散，产生所谓的假蹄底。这种状况可见于蹄底（形成假蹄底）或蹄壁角质下。

蹄踵处的角质较软，更容易形成角质分离，很多白线脓肿通过脓液扩散形成阻力最小的路径在蹄踵软角质下形成潜道，最后在蹄踵上方的蹄冠处破溃。典型示例见图5.7。掀开蹄踵角质（A）显示脓液排出的位置。还可以看到白线病发病的位置（B）。图5.8显示了已分离的角质范围，要想让患牛快速痊愈，必须全部清除已分离的角质。

图5.3　白线病。患牛靠近蹄踵处的白线上有2个小孔。沿着这2个小孔探查可至感染部位

图5.4　白线病。挖开黑色的潜道后露出了其下的空腔。本图清晰地展示了有更多的分离角质需清除

图5.5 白线病。大部分表层的假蹄底已清除。但需对最初发现潜道的点做进一步探查，可发现其下为脓肿

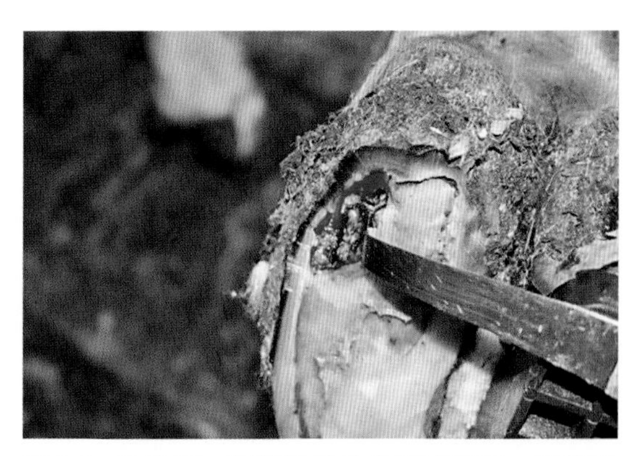

图5.6 白线病。深部的脓肿会造成跛行。即使图中所示情况，还有很多分离的角质需从蹄刀尖部下方的区域清除

图5.7 白线病。脓液已从蹄踵处软角质部位（A点）破溃排出。B点是白线病的原发部位

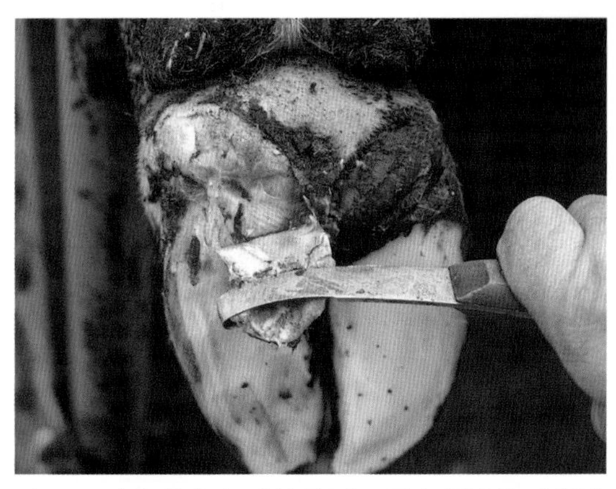

图5.8 蹄底分离角质的范围，需全部清除以促进愈合

白线病随着奶牛的年龄增长而增加，有研究（158）表明，每增加1个胎次，发病率翻倍。头胎牛的年发病率约为2例/100头，2胎牛的年发病率为4例/100头，3胎牛为8例/ 100头，4胎及以上的牛年发病率可达16例/ 100头。这可能与随着奶牛年龄的增加，蹄角质逐渐变弱有关。

治疗

在大多数情况下，白线病引起的跛行主要是因真皮和蹄壁或蹄底之间的脓肿所致，与其他脓肿一样，引流是能否治愈的关键。图5.8中蹄底下面的粉白色组织是表皮下的真皮，能形成新的蹄底。修蹄时如果能小心地清除分离的角质，则不会发生大量出血，因为真皮损坏才会出血。但这个度很难把握，有时会不小心削除一小块健康的真皮，导致出血。少量出血影响不大，也不会延缓愈合。脓肿的压迫减轻后，跛行程度通常会迅速缓解。注意患趾（图5.8中的左侧趾）是如何修整以减轻负重的。

在蹄尖处，蹄骨与蹄壁连接相对紧密（图2.7），脓液可扩散的空间较小，因此，在该部位蹄底较蹄壁更易发生角质分离。蹄尖处的白线感染（图5.9，区域1）引起的跛行常表现得更明显。图5.10显示了白线病患牛从区域2处排出的少量脓液。要彻底清除所有已分离的角质（图5.11），露出由生发层上皮覆盖的真皮。图片左侧紧邻蹄壁的小出血点是感染的原发部位。轴侧壁损伤（也可由过度修蹄引起）可能特别严重且久治不愈。

在护理不当时，蹄真皮可能会受到严重损坏，导致蹄骨裸露（图5.12）。在健趾上黏附蹄垫后，患牛恢复良好，至少可在群饲养3个泌乳期。图5.13为一白线感染病例，感染造成在蹄壁内形成潜道，破溃于蹄冠处。即使如此，也必须清除所有分离的角质，如图5.14所示。

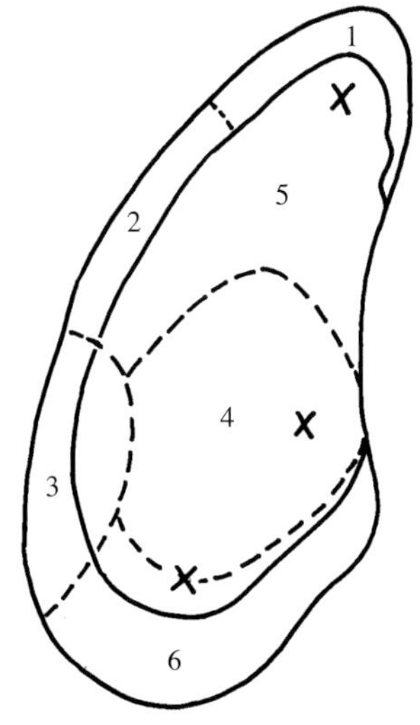


图5.9　国际通用的蹄底分区编码。区域4中X点为蹄底溃疡发病部位，区域5中X点为蹄尖溃疡发病部位，以及区域4和区域6交界处的X点为蹄踵溃疡部位

图5.10　从白线病患牛区域2处排出的脓液

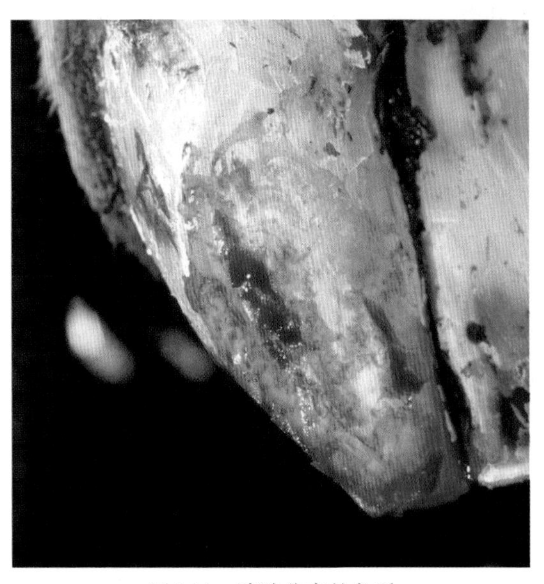

图5.11　清除分离的角质

有一种观点认为最好不要清除所有的蹄壁角质（图5.14），在创口两侧保留少量角质，以尽量减少蹄壁移动并促进愈合。我不赞同这样做。个人认为，最好确定你已经清除了所有已分离和被感染的角质，因为只有

这样才能完成治疗。其中一个原因是，在较长时间的白线感染中，特别是蹄壁已变厚的病例，如图5.15所示，会压迫蹄壁内的真皮小叶（图5.16），影响愈合。

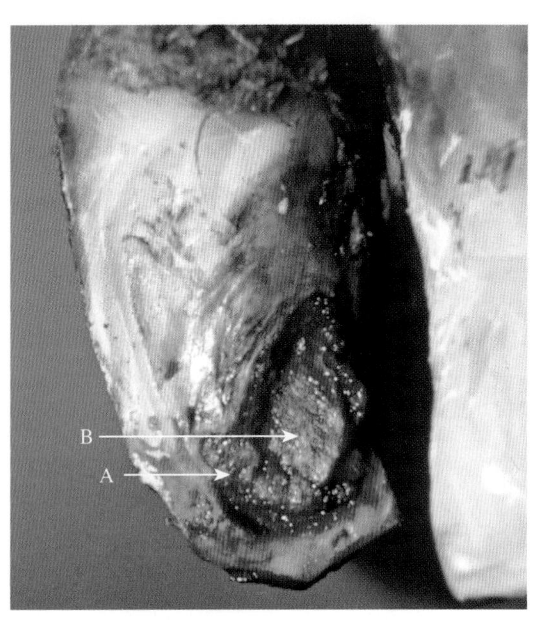


图5.12 护理不当的病例，蹄真皮（A）可能被完全侵蚀并暴露蹄骨（B）

图5.13 白线感染，从蹄冠排脓的病例

如果在健侧指（趾）上黏附蹄垫（详见本章末尾）以减轻患指（趾）负重，如图5.14中所示，蹄壁深部的缝隙会很快被真皮乳头和真皮小叶分泌的“黏合剂”所覆盖。

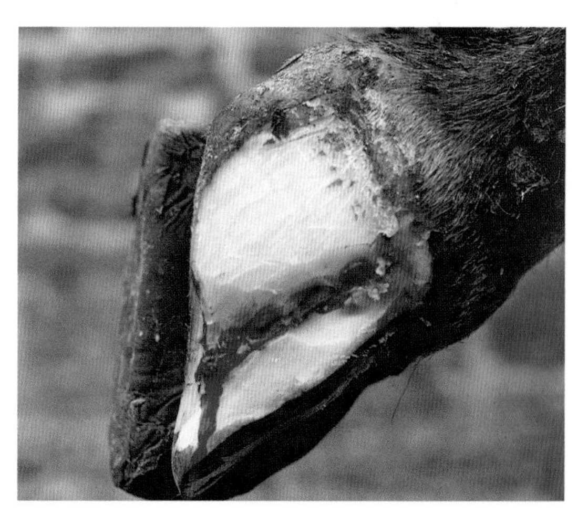

图5.14 将潜道表面角质完全清除并引流

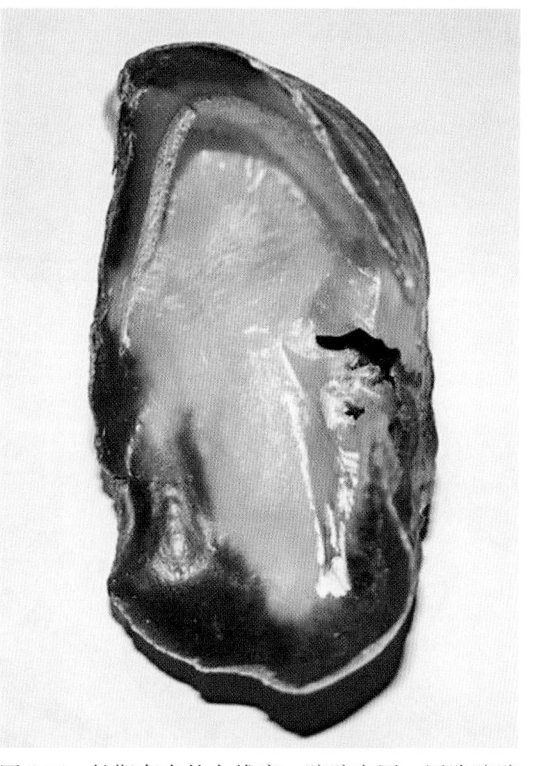

图5.15 长期存在的白线病，蹄壁变厚，压迫蹄壁内的真皮小叶，如图5.16所示

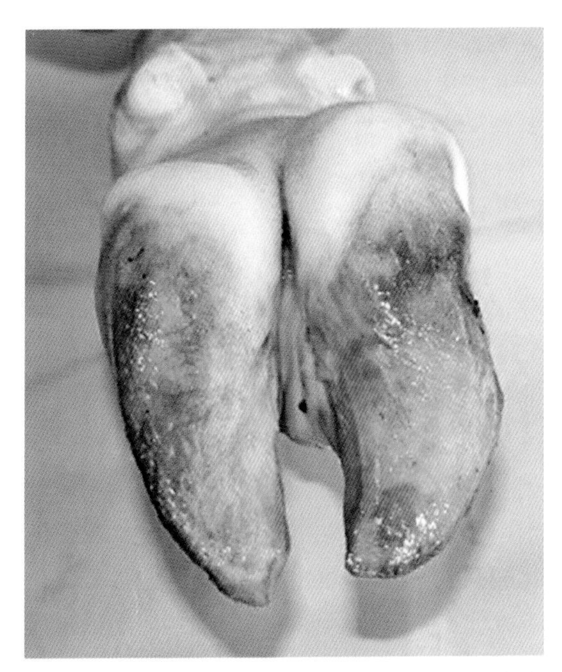

图5.16　与图5.15中的蹄壳源自同一患蹄。注意由于蹄壁变厚对右侧指（趾）上的真皮小叶的压迫

■ *清除周围蹄壁角质*

需对白线脓肿引流时，重要的是彻底清除潜道周围蹄壁角质以利于引流。如仅用蹄刀的刀钩削除潜道周围角质引流，引流口可能会被污物填塞，导致引流不畅并再次跛行。清除潜道周围的少量蹄壁不仅可以促进引流，还可以使清除病变周围蹄壁和蹄底角质的操作更容易。图5.17和图5.18证明了本方法的效果，但这是在正常的蹄上。这种方法应该是“完全开放”状态，而非“深挖钻孔”！

白线穿透创或潜道的原发部位表观差异很大，可能是较大的黑色区域（图5.2），患处可见污垢、石子或沙砾，也可表现为像针尖样的小点。沿潜道探查时，多数情况下除可见角质变色外，无其他变化。如不确定下方是否有脓液，可用检蹄器压迫蹄底，观察能否引起疼痛反应。

通常情况下，如果潜道为黑色[图2.13中左侧指（趾）上的B点]，是由外向内的感染，按压该处可引发患牛疼痛反应时，应沿潜道修剪角质。如果外表呈红色，如图2.13中右侧指（趾）的白线区域，则是血液从内向外的渗出，可不做过多修整。大片、均匀的黑色区域[图2.13中的左侧指（趾）蹄尖处、图5.10和图5.11的右侧指（趾）蹄尖处]不做修整，这是蹄角质的正常黑色素沉着。在图中蹄尖处，白色的蹄壁与黑色的蹄底相邻区域形成鲜明对比，并且非常清楚地显示了蹄壳的2个部分是源自不同结构。

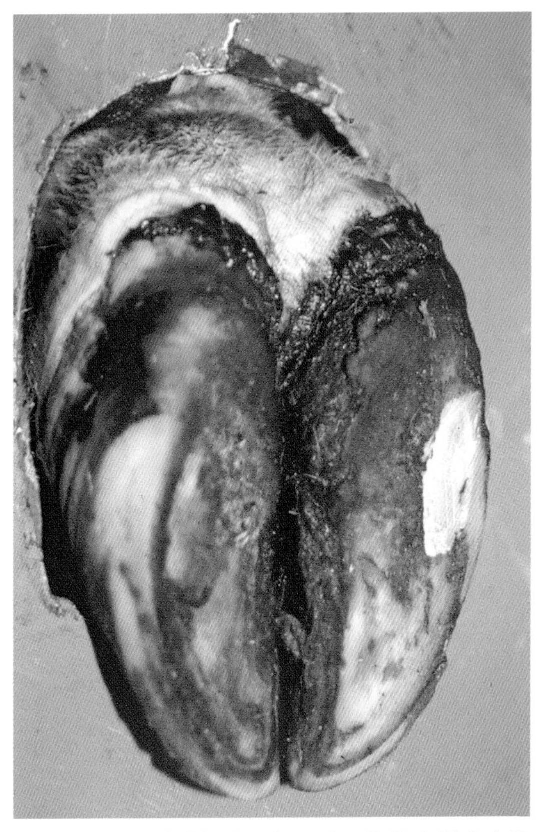

图5.17　白线脓肿探查：仅用蹄刀的钩尖削成小的空隙会影响引流

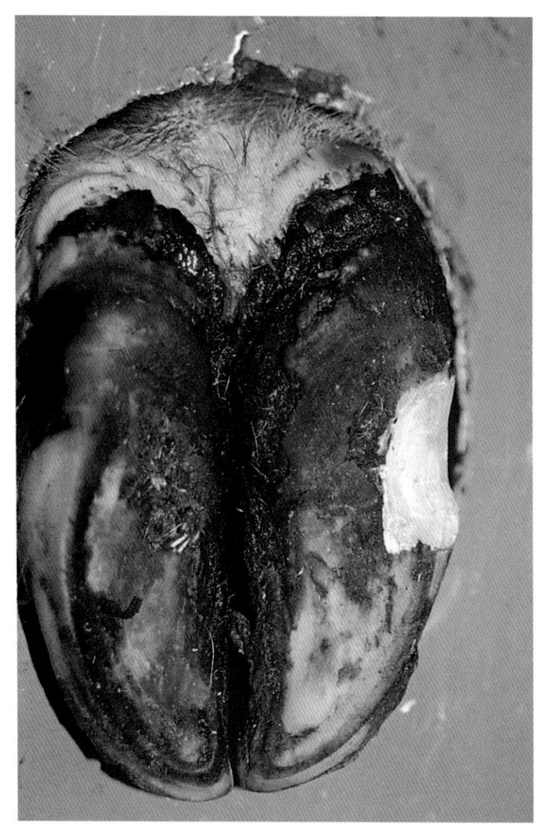

图5.18 白线脓肿：削除病变周围蹄壁角质可保持创口的开放状态

本章后面治疗部分讨论了绷带和蹄垫的使用。

■ *假蹄底*

一些作者提到了一种情况，即有些奶牛，非常薄的蹄底会从蹄壁上脱落。除了白线仍完整外，其表观与白线分离相似。这一表现参见本章后面内容（图5.57）。

## 蹄底溃疡

如表5.1所示，蹄底溃疡是导致跛行的第一大原因。典型的蹄底溃疡主要发生在后蹄外侧趾上，其次是前蹄内侧指，特发部位为蹄底的底-球结合部（图5.9的区域4）。蹄底溃疡常被蹄底突出的角质层所覆盖。有时蹄底表观正常，只有当清理蹄底轴侧区域时才发现溃疡。

有时表现为底-球结合部出血（图5.19），进一步切削后可见溃疡及蹄踵角质分离（图5.20）。其他情况，如图5.21至图5.23所示头胎牛，出血区域扩展至指（趾）的轴侧壁。表面可能只有少量出血，但削除一层底-球结合部角质后，可见特征性出血（图5.21），出血深度随蹄底溃疡严重程度的加剧而进一步加深。通过图5.21和图5.23的比较可见不同深度的蹄底角质出血分布情况，如图5.22所示，在削除溃疡周围的出血区后可见其下方蹄底的正常角质。考虑到角质层大约每月生长5毫米（见第二章），通过蹄底真皮层至最表层出血区的深度，可判定蹄底溃疡真皮层损伤最初发生的时间。

**表5.1 造成奶牛跛行的主要损伤，数据来源于一项英国5个奶牛场（54）的研究报道**

| 造成跛行的损伤 | 每年每100头牛中的发病率（%） |
|---|---|
| 蹄底溃疡 | 13.9 |
| 白线病 | 12.7 |
| 蹄皮炎 | 12.0 |
| 指（趾）间坏死杆菌病 | 7.2 |
| 蹄踵溃疡 | 5.8 |
| 蹄底异物刺伤 | 3.1 |
| 指（趾）间皮肤增殖 | 1.2 |
| 薄/软蹄底和蹄底挫伤 | 2.0 |
| 轴侧壁蹄裂 | 1.07 |
| 蹄深部感染 | 0.45 |

图5.19　蹄底溃疡出血部位

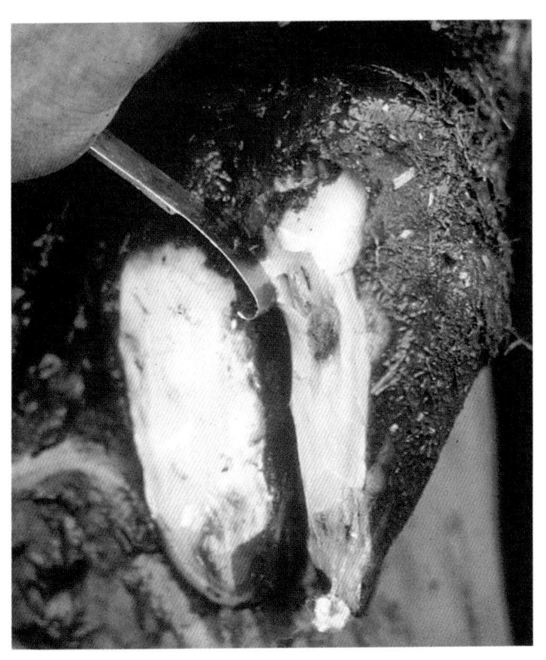

图5.20　溃疡和周围的蹄底坏死

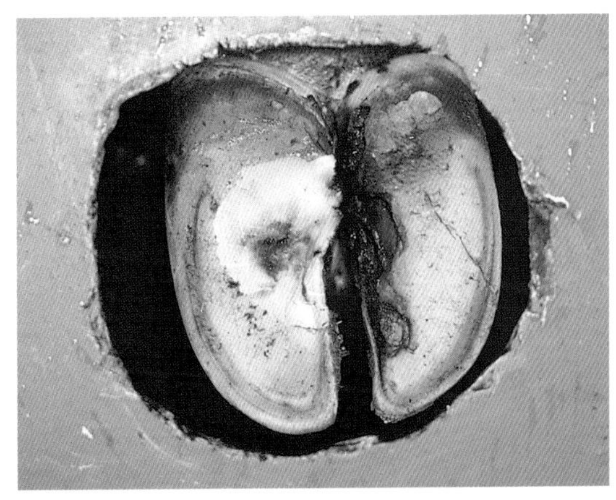

图5.21　头胎牛的蹄底出血

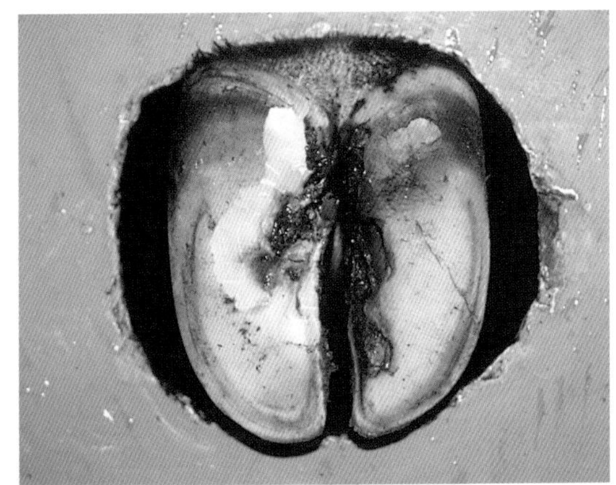

图5.22　头胎牛露出的蹄底溃疡灶

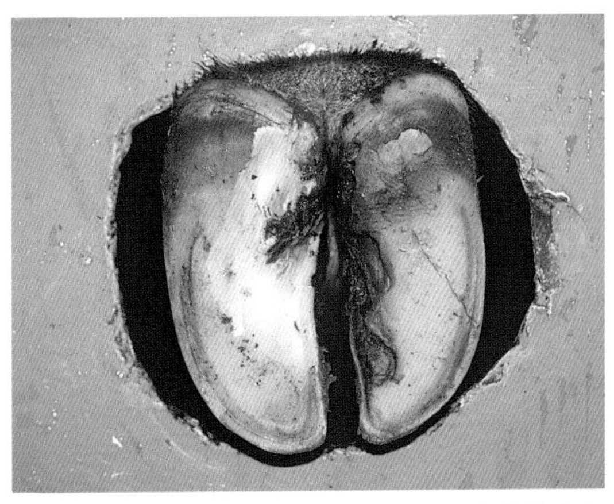

图5.23　头胎牛削除部分蹄底角质后更深部位的出血

蹄底溃疡通常比白线脓肿及白线异物刺伤导致的蹄底角质分离愈合更慢。这是因为蹄底角质分离仅仅是角质和角质生发层分离，而蹄底溃疡是对角质生发层和其下的真皮造成的损伤。许多蹄底溃疡始终无法痊愈，病牛可能会长期轻度跛行，在之后的生产中需要每年2～4次的修蹄治疗。有试验表明（56），若奶牛在第1个泌乳期发生跛行，很有可能之后的每个泌乳期都会发生跛行。以下是可能的一些原因：

• 每次蹄底真皮受损时，部分真皮纤维化继而丧失生成角质的能力。

• 虽然蹄底溃疡表现为蹄底外层角质单一病灶（1个空腔，图5.24），但在一些病例中，溃疡也会在蹄底角质内形成1个圆锥形空腔并深入真皮层中（图5.25），对真皮造成更进一步的损伤并延缓新角质的生成速度。

• 如图5.26所示，长期持续来自溃疡部位的压力作用于蹄骨的屈肌突上并最终引起骨质增生，骨过度生长。注意外侧趾（图左侧）屈肌突的骨疣和图右侧同一头牛正常内侧趾蹄骨的差别。

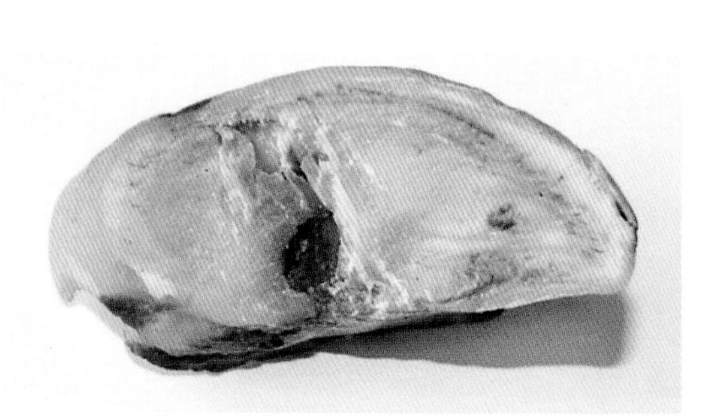

图5.24 蹄底溃疡外观仅表现为1个空腔

上方的骨疣和下方的蹄骨“锥体”压迫指（趾）枕，使得“挤压”真皮的可能性增加，这不仅阻碍愈合，而且增加了下一个泌乳期时再次发生蹄底溃疡的风险。

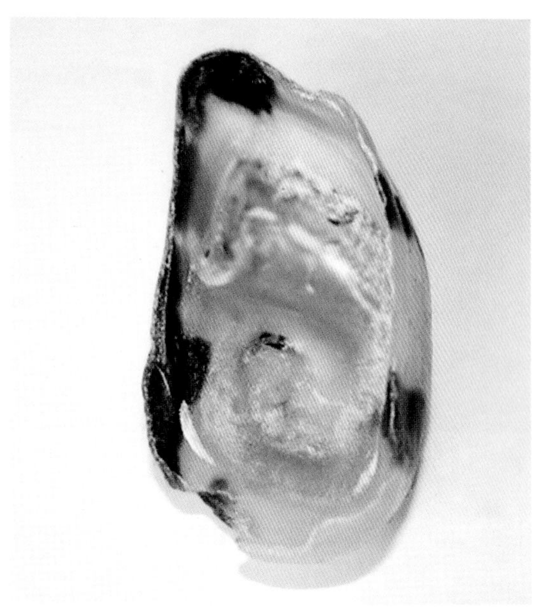

图5.25 这是图5.24的指（趾）的内侧观。注意蹄内部的情况，蹄底溃疡上方有一个圆锥形的角质突入指（趾）内，压迫真皮和指（趾）枕

图5.26 左侧屈肌突外的骨疣可能由长期的蹄底溃疡所致。一旦形成，骨疣不可能消解

治疗

蹄底溃疡的治疗方法包括以下几种：

1.尽可能削除溃疡部位周围的蹄底角质（需保留一些健康角质），使得溃疡部位不再负重。

2.尽可能地将患指（趾）修至最小，健指（趾）保留更大的面积并负重，从而进一步减轻溃疡部位的负重。

3.使用蹄垫是有效的方法。如果在疾病的早期就能使用蹄垫的话，能够有效避免骨疣（如图5.26所示）生成。

4.去除溃疡灶周围感染和坏死的角质，例如，去除图5.20中蹄刀掀起的角质。

5.如图5.27所示，常可见团块状的肉芽组织（瘢痕组织）从溃疡部位膨出。需要去除肉芽组织，使真皮能在蹄底生长，新的角质覆盖损伤部位。去除的方法包括：①削除坏死的角质使其能够自愈；②切除增生的肉芽组织（图5.28）；③使用收敛性敷料。治疗方法和程序应该视具体病例而定。重要的是，应避免破坏下方的真皮，否则，会阻碍愈合过程。

图5.29为去除蹄壳角质的蹄底溃疡病灶，显示了肉芽组织生长情况和阻碍愈合的原因，继发蹄踵肿胀。与图2.19中正常蹄相比，蹄底溃疡病例中指（趾）枕萎缩。使用硫酸铜或其他收敛剂，甚至使用犊牛去角的烙铁来烧灼溃疡内肉芽组织的做法值得商榷（15）。虽然这种操作能够破坏肉芽组织，但也可能损伤正在生成的新鲜角质（例如，真皮和覆盖于其上的表皮），因此，不建议对肉芽组织采取任何长时间的干预措施。

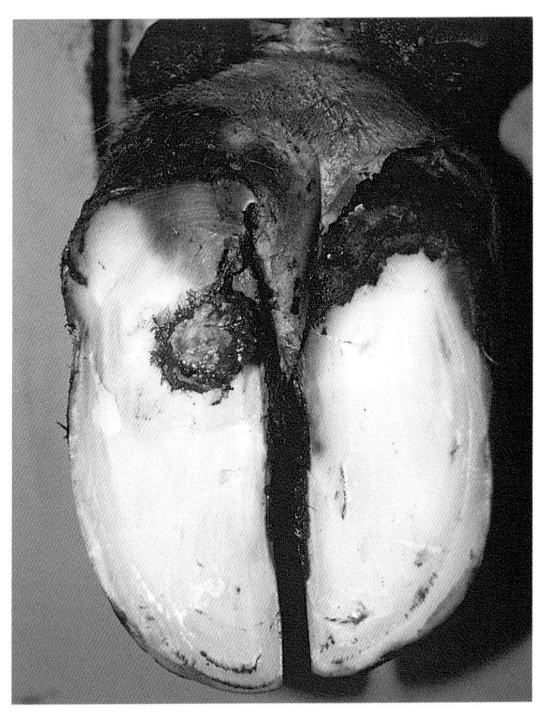

图5.27　从溃疡处突出的瘢痕组织

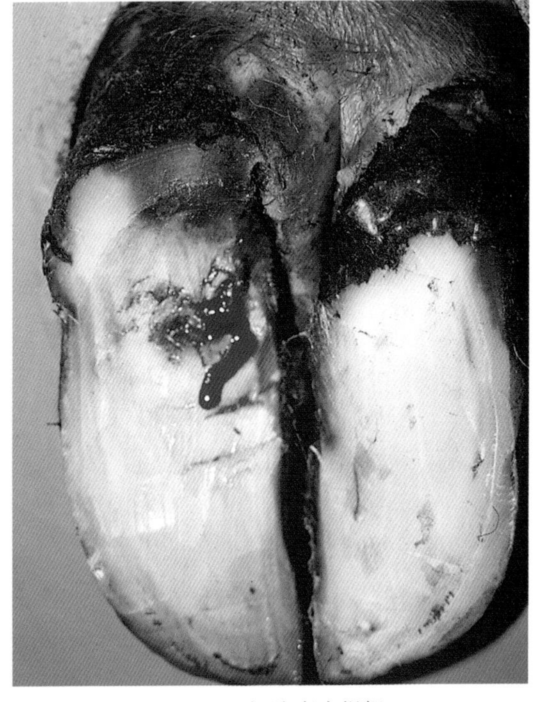

图5.28　切除瘢痕组织

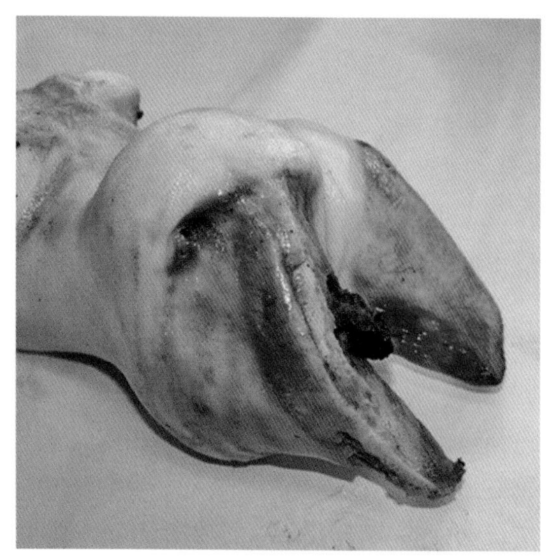

图5.29 去除蹄壳后的蹄底溃疡。注意萎缩的指（趾）枕以及阻碍愈合的突起的肉芽组织

固定敷料的厚绷带也可能会将压力转移至溃疡部位，并加剧该区域的挫伤。进一步说，由于会使溃疡部位长期保持感染状态，敷料的存在可能会延缓愈合时间。然而，有些人认为使用敷料是有意义的，局部敷料的使用确实能有效地降低患指（趾）蹄皮炎的发生。考虑到溃疡愈合十分缓慢，在健指（趾）装置蹄垫从而避免溃疡部位受力是促进愈合非常好的方法，并能减缓蹄骨不可逆的过度增生。更多关于包扎和蹄垫的细节将在本章后面详述。

如图5.104所示，泥浆踵病牛易发生蹄底溃疡。图5.30中A展示了蹄骨后缘的蹄底角质的参差不齐状态，B显示了蹄踵角质缺损是如何降低了指（趾）的稳定性。

溃疡是由于蹄真皮受到损伤或破坏而导致的蹄部病变。蹄真皮还为骨膜和骨骼提供营养，因此，蹄真皮的炎症可能导致骨骼的不良反应，炎症持续时间过长时尤为明显。图5.31为1个正常的蹄骨（右）和1个煮脱的患有长期慢性蹄底溃疡奶牛的蹄骨（左）。注意病变蹄骨的基部和边缘上的外生骨疣（骨质增生），骨疣使蹄骨变得粗糙，特别是在关节周围。这会导致奶牛运动时的疼痛和不适。图5.32显示了2个相同位置蹄骨的底面，注意A中右侧蹄骨表面十分粗糙，一些骨疣十分尖锐，甚至能够刺痛人的手指，因此，很容易想象当奶牛行走时是多么的不适，也能理解这些骨疣是如何刺穿真皮阻碍愈合的，甚至在溃疡愈合（如果能）后外生骨疣也会长期存在。早诊断和发现，并采取有效的治疗措施十分重要，可避免永久性的损伤。

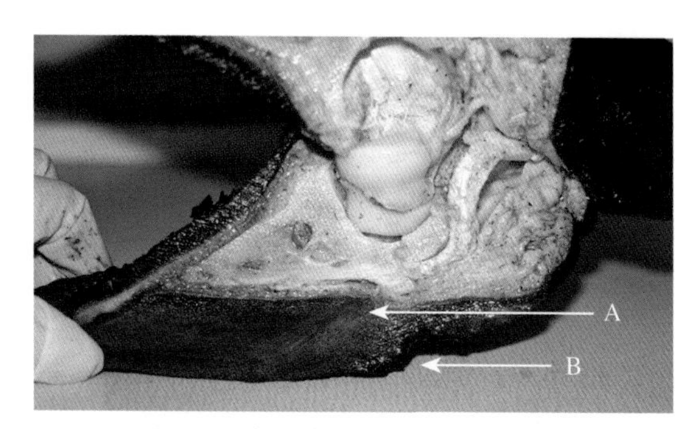


图5.30 大面积蹄踵糜烂造成角质缺损（B），蹄骨后缘失去了蹄踵角质的支撑，使得蹄底角质参差不齐（锯齿状）（A）并开始形成溃疡

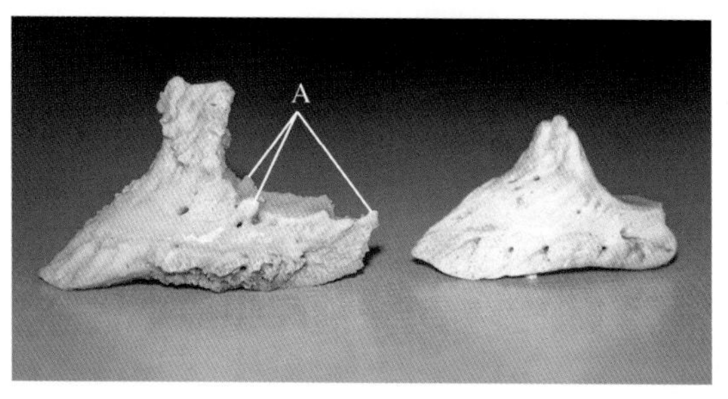


图5.31 长期的蹄底溃疡造成蹄骨的不可逆病变。右侧是正常的蹄骨。注意左侧蹄骨的外生骨疣（A）

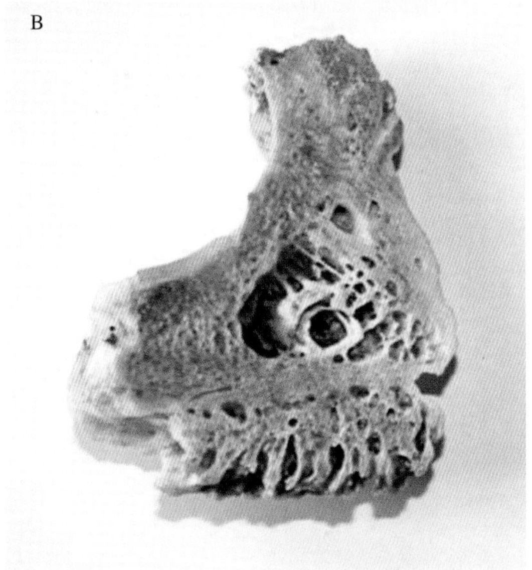


图5.32　注意图A中，与左侧正常蹄骨相比，右侧蹄骨表面十分粗糙。B中蹄骨横截面出现深度和广泛性骨质增生。这些骨疣可能会引起不适并影响真皮生成正常角质的能力

## 蹄尖和蹄踵溃疡

虽然蹄底溃疡目前是最常见的，蹄底其他部位也会出现出血甚至完全穿孔（即溃疡）。蹄底溃疡常发于图5.9（146）中国际标准分区的区域4（底-球结合部）。蹄尖溃疡发生在蹄尖部（区域5），而蹄踵溃疡发生在蹄底区域4和区域6交界处。

### ■ *蹄尖溃疡*

通常在蹄骨和蹄弓，即蹄骨的前部下沉过程中发生蹄尖溃疡，蹄骨的前部下沉到后面的屈肌突水平面之下。图2.27为典型的例子。公牛未适应水泥地面或休息不足，行走时也会发生蹄尖溃疡。公牛采精结束从采精架上下来时会过度磨损后蹄并同时挫伤前蹄蹄尖。过度采精公牛的薄/软蹄底问题将会在本节的后一部分讨论（图5.57）。

月龄小的肉牛转入大群的肉牛场或育肥栏的几周后也可能发生蹄尖溃疡，特别是经历过长途运输后。在这种情况下它们会长时间站立甚至出现倒退，例如，躲避危险时会磨损蹄尖。放牧的牧场也会出现蹄尖溃疡，患牛已不适应在分娩后长距离行走。

### ■ *蹄踵溃疡*

蹄踵溃疡特征为蹄底与蹄踵交界区域的暗红色或黑色斑点（图5.33）（23）。图5.33中的左侧趾为典型蹄踵溃疡病灶。注意溃疡后方黑红色区域。这是典型的角质分离，因此，损伤处需要进一步探查以便引流。有种蹄踵溃疡直接向内蔓延至真皮，没有临床症状。其他一些蹄踵溃疡会引起底-球结合部蹄底下方的分离和大面积的脓肿（图5.34），导致严重跛行。蹄踵溃疡是引起跛行的重要因素之一。一项研究（159）表明，虽然牛群蹄踵溃疡发病率（5.8%）不到蹄底溃疡发病率（13.9%）的1/2，但更多的蹄踵溃疡病例需要截指（趾）术治疗。蹄踵溃疡和蹄底溃疡均常见于后蹄，且蹄踵溃疡更常见于高胎次奶牛（表5.2）。这可能是患有蹄踵溃疡的奶牛留群率降低的解释之一，因为奶牛在初次患病时年龄已经很大。

蹄踵溃疡常见于发生蹄底溃疡问题的牛群中，虽然它比蹄底溃疡更常见于后肢的内

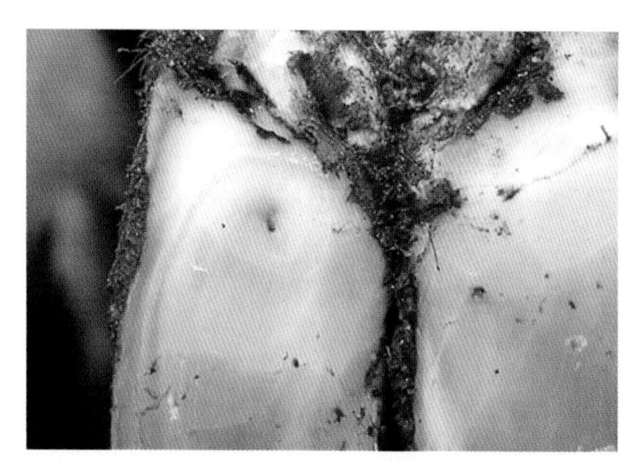

图5.33　蹄踵溃疡的典型部位

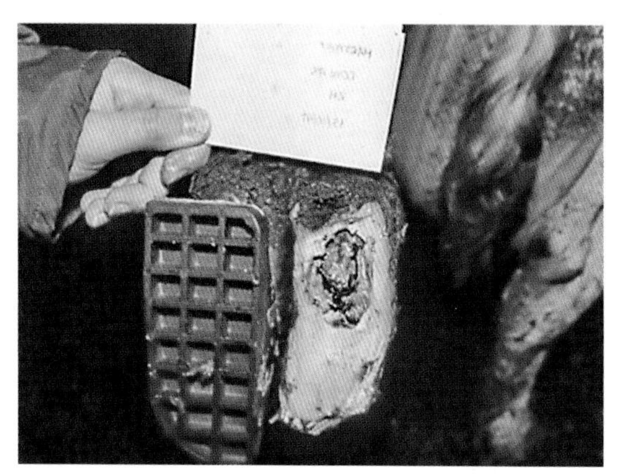

图5.34　源于蹄踵溃疡的深部脓肿

侧趾，但开始时多见于外侧趾。造成蹄踵溃疡的原因尚不清楚，但有一个说法是蹄踵溃疡可能是由于蹄骨后侧对真皮造成了挤压。在这个说法中，蹄骨是悬于支持结构内，其中有3个脂肪垫起到缓冲的作用，如图2.22（79）所示。当脂肪垫变性时（图2.23），中央的脂肪垫会软骨化。这种软骨化病变所造成的影响可能会导致蹄踵溃疡，就像人穿着里面有石子的鞋站立一样。在一些蹄底溃疡的病例中，一个小的角质形成的锥状物从蹄尾侧的溃疡部位突入蹄踵，如图5.35所示。患牛剧痛，可能解释了患蹄踵溃疡的牛跛行比例增加以及留群率降低的原因。有一些关于蹄踵溃疡和蹄瘘[如Toussaint Raven所描述的(96)]是否为同一种损伤的争论。蹄瘘典型症状为蹄底中心区的破损，而蹄踵溃疡更像是从蹄底至蹄踵的点状病变。图5.36是图5.35的外侧观，同一趾上表现了两种损伤，蹄踵溃疡（A）的发病部位更靠近掌/跖侧，而蹄瘘（B）为位于前方稍偏向蹄尖的方向。

**表5.2　蹄底溃疡和蹄踵溃疡的比较（159）**

| | 蹄底溃疡 | 蹄踵溃疡 |
|---|---|---|
| 分类 | | |
| 前肢 | 16% | 10% |
| 后肢 | 84% | 90% |
| 平均胎次（胎） | 1.7 | 3.9 |
| 进行截指（趾）术的百分比 | 2.7% | 16.9% |
| 12个月后出群 | 7.1% | 39% |
| 24个月后出群 | 37% | 61% |

图5.35　注意蹄踵部位溃疡灶上方尖锐的圆锥状角质突起。这会穿透上方的软组织且可引起剧烈的疼痛反应

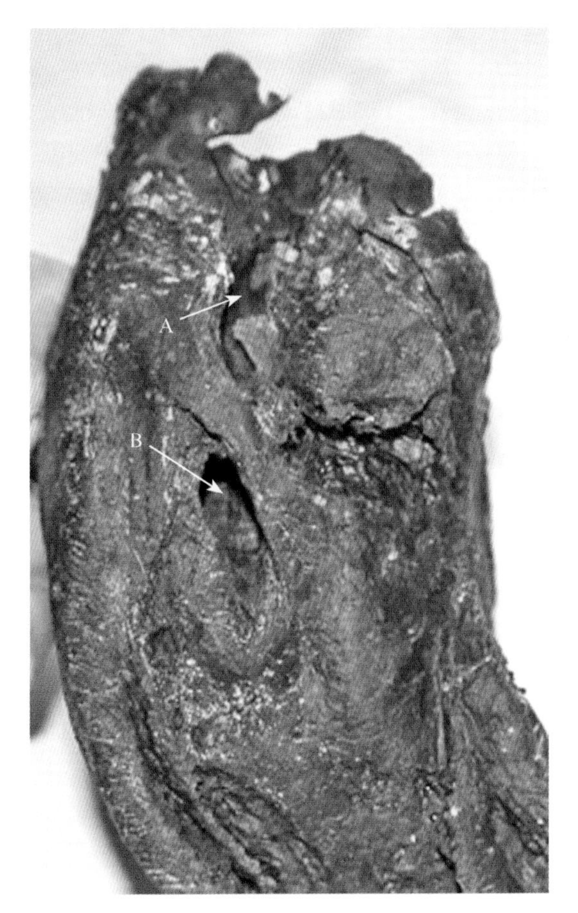


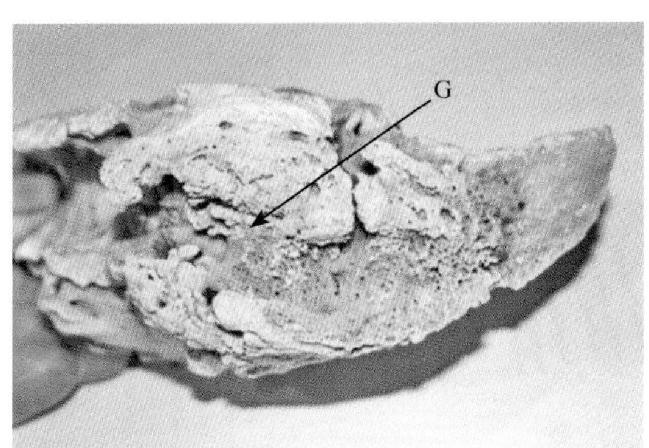


图5.36 这是图5.35的外侧观。蹄踵溃疡（A）是朝向蹄踵尾侧的深窄裂隙，而蹄瘘（B）发生在蹄底中央部位。右图中，该趾的蹄骨因为大量的外生骨疣发生十分严重的变形，这可能解释了为何这些病例恢复如此缓慢。骨基部中央部位的凹陷（G）可能是由蹄瘘向内部突起带来的压力所造成的

## 蹄骨深部感染

部分白线病和蹄底溃疡患牛在扩创引流后跛行症状有所改善，但在1～2周后复发。复查时可能会发现有一个暗黑红色的肉芽组织块（瘢痕组织）从伤口处膨出，如图5.37所示。无毛的蹄冠带也可能出现肿胀和/或发红，如图5.38所示。随着肿胀程度加重，跛行越来越严重。这意味着存在角质分离，或发生了更深层的感染，提示应进行抗生素治疗。如果病变只是单纯的蹄底溃疡或白线病所引起的蹄底角质分离，不需要使用抗生素治疗，从成本上考虑也没必要。

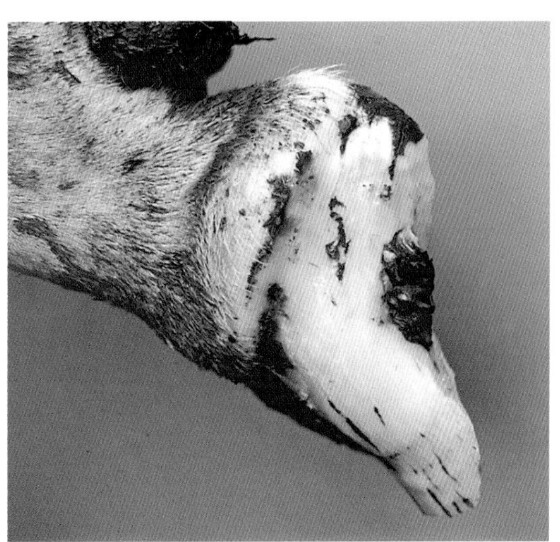

图5.37 膨出的肉芽组织

在该病例中，蹄壁角质分离区域延伸至蹄冠带。削除蹄壁（图5.38）并在健侧指（趾）上装置蹄垫能够使患牛快速恢复，当患蹄肿胀时，需要使用抗生素治疗。

深部溃疡或白线病的穿透性感染可导致指（趾）枕、远籽骨滑膜囊、舟状骨甚至是蹄关节（这些结构可见于图2.24）出现脓

肿。远籽骨滑膜囊脓肿有时称为球后肿（在蹄球内）或关节后脓肿（“retro-articular” abscesses，字面意为“关节后方”脓肿）。典型病例见图5.39，显示了截除的指（趾）后部的损伤。注意脓肿腔洞周围清晰轮廓。

图5.40展示了从关节处打开的蹄部。蹄关节软骨下方可见红/黑色相间的脓肿。

注意，此时感染还未侵及蹄关节，但如果不尽快采取引流等处理措施，会有关节感染的风险。当发生更深层的感染时，蹄冠带上方皮肤肿胀，跛行加重（图5.41）。压迫蹄踵时，可见原发溃疡部位排出脓液。图5.42中可见溃疡处脓液流出，此时需要引流。如果溃疡很深，可能导致深屈肌腱的断裂，使奶牛蹄尖永久性上翘，如图5.43所示。

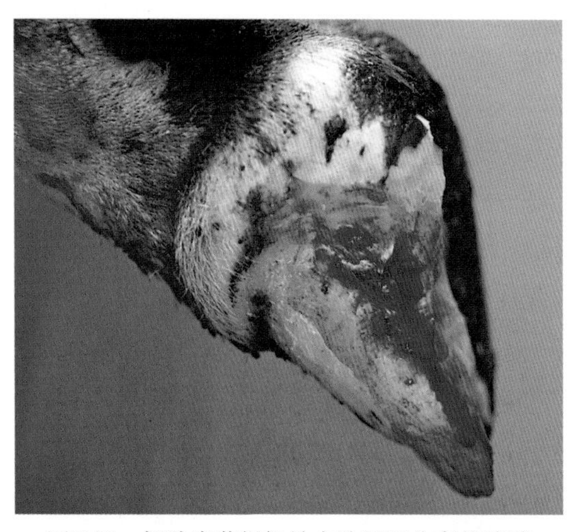

图5.38　切除肉芽组织并去除周围分离的蹄壁

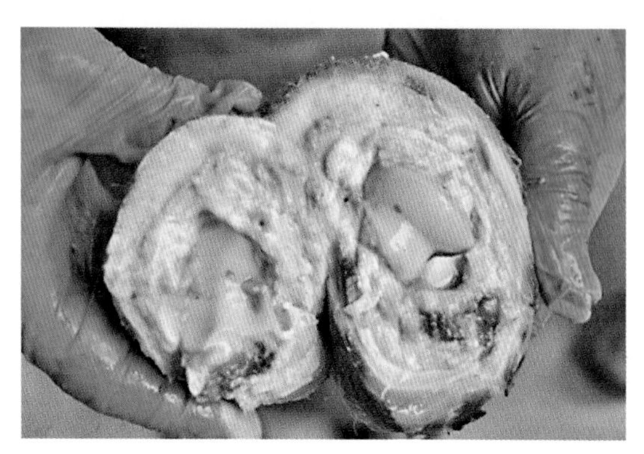

图5.40　这是图5.39的同一蹄，在关节处切开。注意关节表面有光泽的软骨，表明关节尚未感染。右侧舟状骨下方可见脓肿的暗色组织

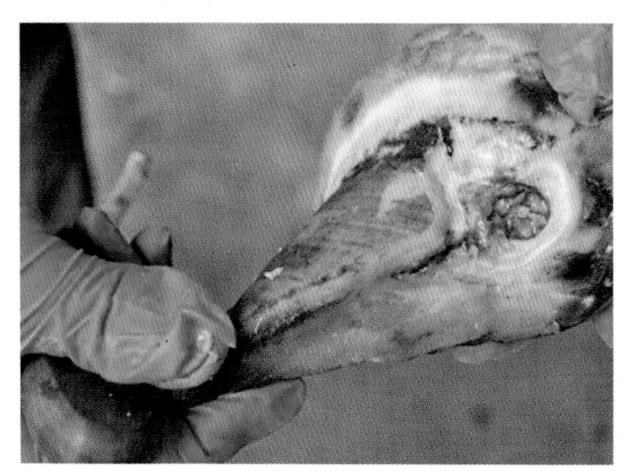

图5.39　关节后脓肿发展为穿透性白线感染的后果。脓肿腔清晰可见

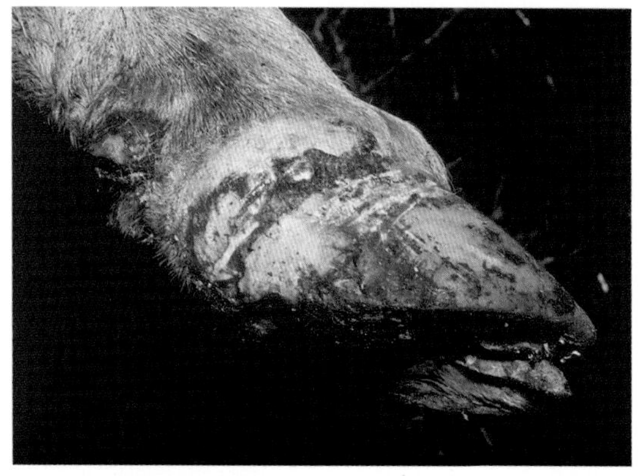

图5.41　蹄冠带肿胀，深部组织感染。需要根治（D.Weaver）

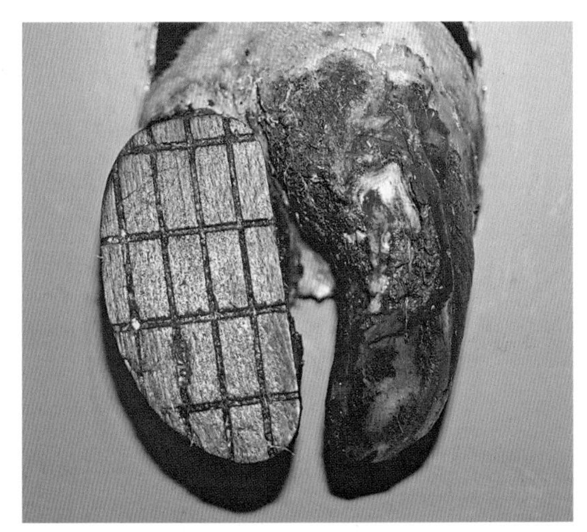

图5.42 从蹄底溃疡渗出的脓液，表明有更深的结构受到影响，需要更彻底的治疗

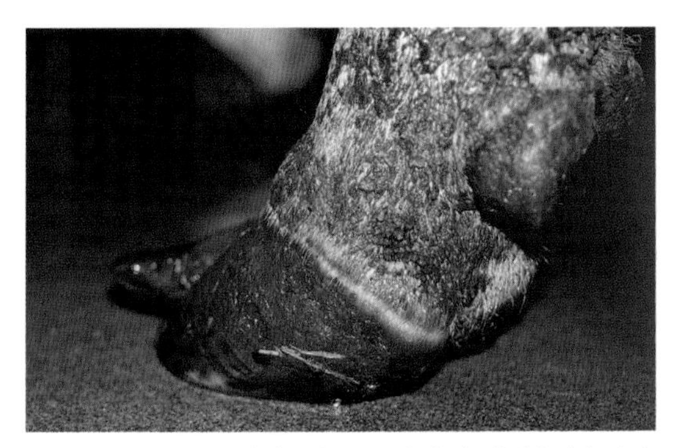

图5.43 深屈肌腱断裂后，蹄尖向背侧（上方）翻转

处理蹄骨深部感染的3种主要手段为：

• 蹄部深部开窗术。
• 置入引流管。
• 截指（趾）术。

这3种手术都是侵入性操作，在没有麻醉或未经训练时不要尝试。

蹄部深部开窗术：有时称为“取心术”，指在蹄壁或蹄底开窗，引流深部感染。最好的方法是挤压患蹄，以确定感染物自然排出的位置实施开窗术，如图5.44所示，通常可看到蹄底表面出现1颗小脓珠。尽管健侧指（趾）已装上PVC蹄垫（“奶牛拖鞋”），但由于蹄深部感染的压力，这头牛仍然跛行。脓液和感染必须引流、清理干净才能痊愈。如果蹄刀尖能够沿窦道小心插入脓肿深部，然后从脓肿处到蹄表面开一个大孔的话（图5.45），许多关节后脓肿能够成功引流。为保证引流良好，必须定期（最好是每天）清理引流孔。

不论引流孔多大，其闭合速度都会很快。通过每天定期冲洗引流孔，避免引流孔闭合，有助于治疗。有必要进行5～8天抗生素治疗，并使用药物缓解患牛疼痛，如每天使用氟尼辛葡甲胺、卡洛芬或美洛昔康。

图5.44 蹄底溃疡处出现的小脓珠，表明发生了深部感染

置入引流管：使用套管针和套管将引流管从脓液流出的部位插入，在蹄冠上方穿出形成引流通道（图5.46）。引流管的下端打结，之后将冲洗液从引流管顶端（与跗关节绑在一起）冲入，将创口中的分泌物通过管道上的小孔冲出。这种治疗方法侵入性更强，治疗时间更长，但优点是能够从内部冲洗伤口。再次强调需麻醉操作，其次是术后需积极进行抗生素治疗和疼痛管理。

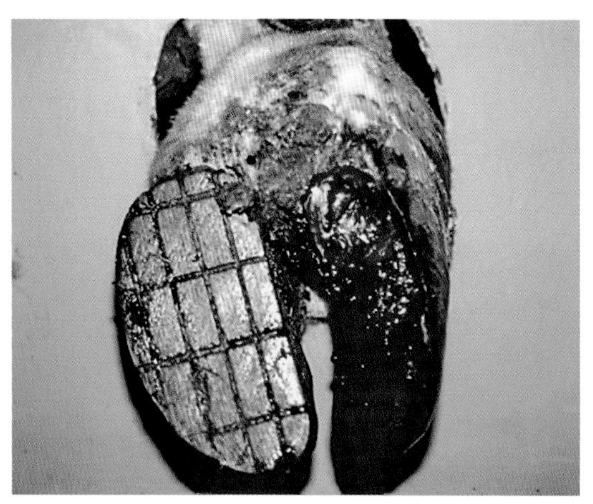

图5.45 麻醉状态下，在脓肿深部开了一个大的引流孔

图5.46 用套管针和套管插入引流管使蹄深部脓肿可以从内部冲洗

截指（趾）术：在谨慎选择手术对象的情况下效果良好。该手术的具体细节已经超出了本书所讲的内容，以下几点是为那些已经熟悉该手术基础的读者提供的。截指（趾）术只有在健侧指（趾）蹄踵深度正常，与蹄前壁角度良好并且没有因患指（趾）感染扩散而出现肿胀的情况下才能尝试。局部麻醉是比较理想的麻醉方式。另外，在指（趾）间隙注射25～30毫升普鲁卡因或利多卡因可改善麻醉效果。必须使用止血带。用手术刀从指（趾）间的背侧至少20毫米处切开，这样能够使切口更高。与其他治疗手段相比，该操作还需要定期更换包扎敷料，且另一指（趾）因承受更多体重可能会导致奶牛过早淘汰。在2天，最多3天后换药，2天或3天后需要再次换药。不要让敷料保留太长的时间，会阻碍愈合。大多数病例预后良好。笔者曾经进行过前肢的截指术，包括1头公牛的前肢，许多病例（当然不是全部）都能够继续饲养几个泌乳期。

## 蹄底异物刺伤

目前为止，虽然白线刺伤是最常发生的蹄底刺伤（因为白线比较脆弱），但蹄底的任何区域都可能被尖锐物体损伤。

常见的异物有尖锐的石头、玻璃或铝片、螺丝和钉子（特别是用来固定橡胶垫的钉子，短且有大的平钉帽），笔者甚至见过有尖锐的牙齿刺入蹄底的。

有时，当检查1头跛行牛时，可能异物仍然存在，但未发现，仅在蹄底表面发现一个黑色的痕迹，见图5.47的右侧指（趾），这容易与白线穿刺伤区别，因为它们位置不同，它并不位于白线上。

仅仅将钉子（或其他异物）从蹄底清除是不够的，因为异物可造成蹄底感染，而且最初的刺入点可能不够大，不能彻底引流。应扩创并去除所有分离的蹄底角质和周围蹄壁。图5.48显示的是去除了分离角质的情况，但还需要去除更多的蹄壁。在白线刺伤时，损伤将角质和角质生发层分离，因此，将坏死的蹄底去除后，新的角质就会暴露出来。视情况决定是否使用敷料。绝大部分病例在不包扎的情况下恢复得更好。如可能，患指（趾）（图5.48的右侧）应该修剪至小于健侧指（趾），并在健侧指（趾）上装置蹄垫来减轻患指（趾）的负重，以缓解疼痛、加速愈合。图5.49显示石子嵌入了公牛的左侧指（趾）蹄底。应进一步切削角质以扩大清除石子后的腔洞（图5.50），否则，会有更多的杂物侵入。

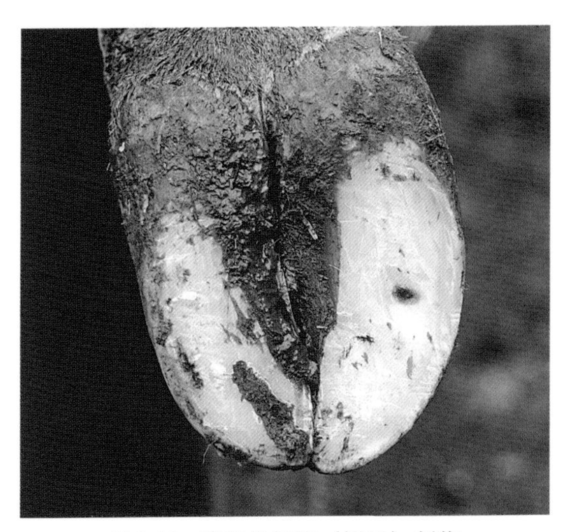

图5.47 蹄底的异物（钉子）刺伤

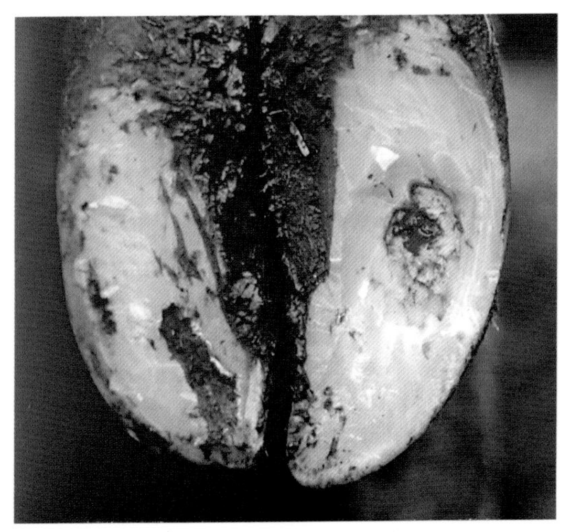

图5.48 移除钉子后显示被刺伤的坏死蹄底

图5.49 公牛蹄底刺入石子

图5.50 移除石子留下的腔洞。一定要将其切削干净

## 蹄纵裂/砂裂

纵裂是蹄壁外层角质损伤的结果，蹄壁外层角质起始于蹄冠皮肤-蹄壳结合部的软角质区域。蹄壁外层角质（蹄釉）为蹄壳上包裹的薄的、反光的蜡样物质，并同时覆盖蹄踵。老龄牛在高热、干燥、砂石环境下会出现蹄裂，也可能继发于累及蹄冠的蹄皮炎。受损的蹄冠无法长出完整的角质，但周围蹄壁角质仍在正常生长，此时的病变就表现为蹄壁上的1条裂隙。加拿大对265头海福特肉牛进行了为期2年的实地研究，结果表明，每天补充10毫克生物素可显著降低蹄纵裂的发病率，从29.4%降至14.3%（26）。

图5.51显示了同时发生在两指（趾）的纵裂，右侧的纵裂几乎延伸至蹄尖。如果裂隙很浅（未累及真皮），则不会引起跛行。然而，因为前肢蹄壳和蹄骨之间的间隙很小（图2.4），感染时，即使少量流脓也会引起严重的跛行。使用蹄刀尖打开裂隙并将脓液引流出来，跛行快速缓解。

如果裂隙的两端发生相对移动，会形成肉芽组织（瘢痕组织）（图5.52）。最好清理肉芽组织，在裂隙处稍微扩创，使用加压绷带包扎2～3天（最多），以抑制肉芽组织的形成，并在健侧指（趾）上装置蹄垫，限制裂隙两端的相对移动，从而促进恢复。然而，许多病例仍会复发。

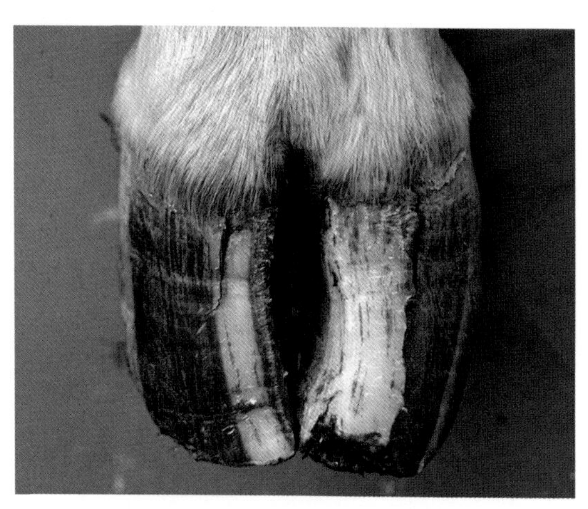

图5.51 蹄纵裂（砂裂）

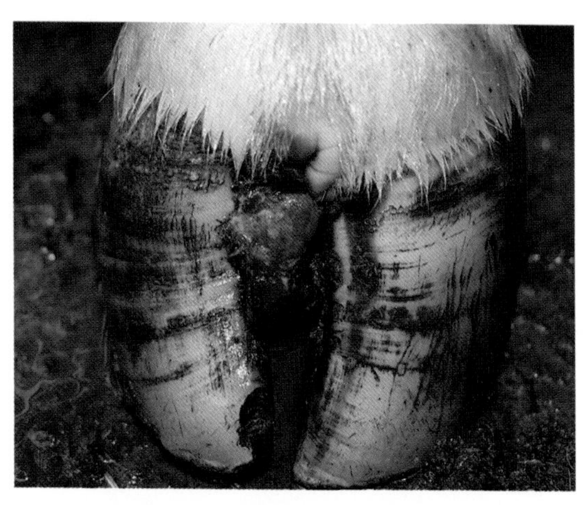

图5.52 蹄纵裂病例突出的肉芽组织

## 蹄横裂

蹄横裂也会发生（图5.53），但通常当横裂生长至蹄尖时才会发现。任何严重的疾病，如乳房炎、子宫炎或毒血症、采食过量精料或口蹄疫，均可能导致暂时性角质生成完全停止。当角质生成再次开始时，新生蹄壁向下延伸，在蹄壁周围可能出现一个完整的周向裂缝，这是角质形成中断的结果。

图5.53中的奶牛是蹄横裂导致跛行的典型案例。患牛（刚刚）从5～6个月前的急性大肠杆菌性乳房炎中恢复健康。患牛与干奶期奶牛一起饲养，体重也开始增加，四肢均有跛行表现。

随着陈旧角质套向下延伸至蹄尖，它会失去蹄踵的支持作用，这会加大旧角质和新角质之间相对移动的机会。这时小的石子和其他杂物就会侵入裂隙并造成感染。相对移动和感染都会引起疼痛和跛行。然而，大多数蹄套不会深入至真皮，因此没必要削除所有的横裂。有些蹄套从蹄上方不断往下生长，之后会断裂并从蹄尖处褪下，并不会造成任何特定的问题。图5.54中的奶牛就已褪下了一个蹄尖上的蹄套。其他的蹄套也开始明显松脱，有时称为“蹄踵裂”。

当出现跛行时，应使用蹄刀将松脱的角质蹄套去除和修剪（不是一个简单的操作），并在健侧指（趾）上装置蹄垫。虽然不是所有的蹄裂都会引起跛行，有时（图5.53）四肢的8个指（趾）会同时发病，许多病牛需要几个月才能重新长好。

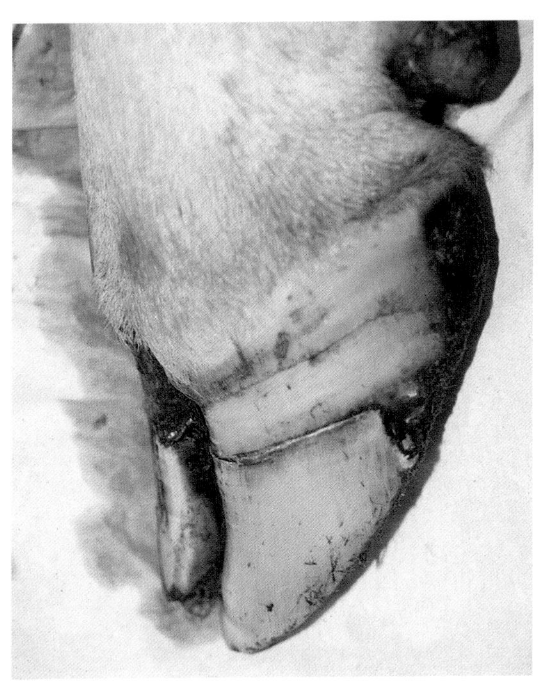

图5.53　蹄横裂

较轻的角质生成中断可形成环绕蹄壁的隆起和凹陷，如图5.55所示。这种横线称为“苦难线”（50）。可以通过测量“苦难线”到蹄冠带的距离来确定它们形成的时间（也就是病因出现的时间）。蹄壳每个月生长约5毫米。

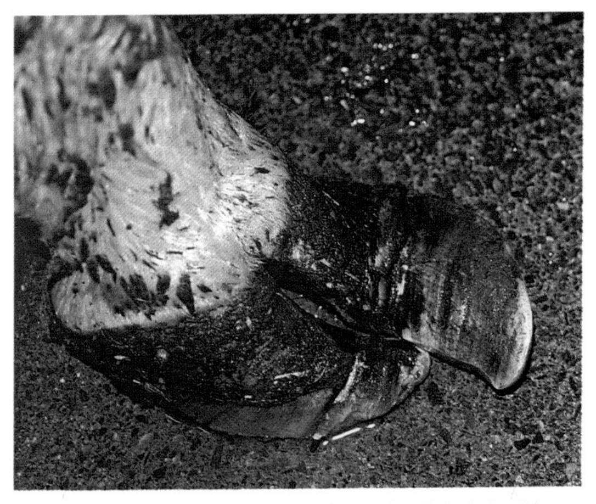

图5.54　蹄横裂自然脱落的蹄套（蹄尖断裂）

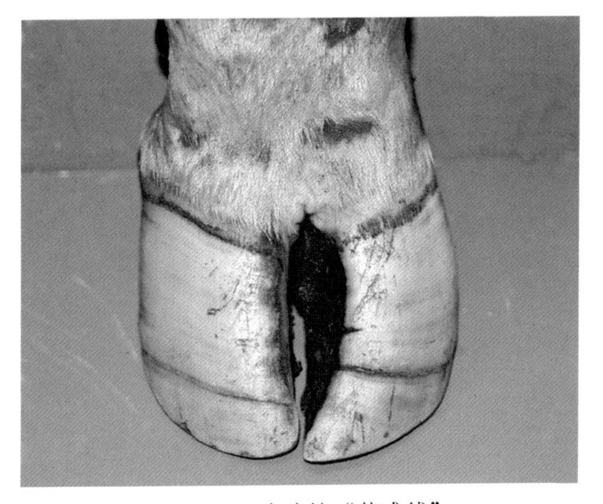

图5.55　蹄壁的“苦难线”

## 轴侧壁裂

在第二章，我们了解到白线从蹄踵至蹄尖沿远轴侧（外）壁延伸，然后沿轴侧蹄底折转，然后斜向上穿过轴侧壁到达指（趾）间的蹄冠带。在图2.14和图2.15中可以看到白线的走向。沿轴侧壁斜向上发展的白线病通常称为轴侧壁裂（图5.56），尽管裂隙可能与白线平行，但不累及白线。轴侧壁受到的影响尤其大，这可能是因为蹄骨在轴侧附着较弱，在运动过程中骨的活动幅度较大。近年来，轴侧壁裂的发病率明显升高（99, 135），特别是在后肢外侧趾。原因尚不清楚，可能与蹄底环境潮湿有关。螺旋状趾和其他问题造成指（趾）翻卷的奶牛，发病率可能会升高；累及蹄冠带的蹄皮炎可能会促进该病的发生。然而，蹄皮炎只是造成这种情况的原因之一，因为在新西兰，即使蹄皮炎很罕见时，轴侧壁裂仍然很常见。由于病变位于指（趾）间，通常非常难以修剪，并且蹄冠带损伤可导致永久性轴侧壁裂。

图5.56　沿轴侧壁延伸的轴侧壁裂

## 薄/软蹄底综合征（头胎牛和公牛）

头胎牛或在奶牛群混养的配种用青年公牛的蹄，出现蹄底挤压变形并且导致疼痛的情况不太常见。薄/软蹄底综合征发生的条件是蹄磨损，尤其是蹄壁磨损超过其生长速度。过度修蹄也可能导致这种情况，尤其是在使用电动工具的情况下。在整个生产管理系统中，这是一个严重的问题，在牛蹄经常处于潮湿环境时尤为明显，如在北美（97），图5.57显示了奶牛场饲养的1头青年公牛的蹄。注意蹄壁的磨损状况，尤其是左侧趾，现在几乎完全由蹄底负重。这会导致出血、挫伤、蹄底损伤、骨折（见右蹄蹄踵）和跛行。在经产牛和泌乳早期的头胎牛，薄/软蹄底综合征通常与站立时间过长有关，相关因素会在第六章讨论。如果蹄底变得非常薄，很容易和蹄壁分离，出现类似于白线病的外观，但稍稍远离蹄壁，有时将其称为假蹄底（160）。

唯一有效的治疗方法就是休息。例如，将患牛放在隔离圈单独饲养，将它们饲养于铺有稻草的运动场，让它们有机会卧地休息，甚至让它们站在柔软的地面上采食。休息的时间可能需要1～2个月，因为如果蹄底变得很容易被挤压变形，可能只有2～3毫米厚，所以在每

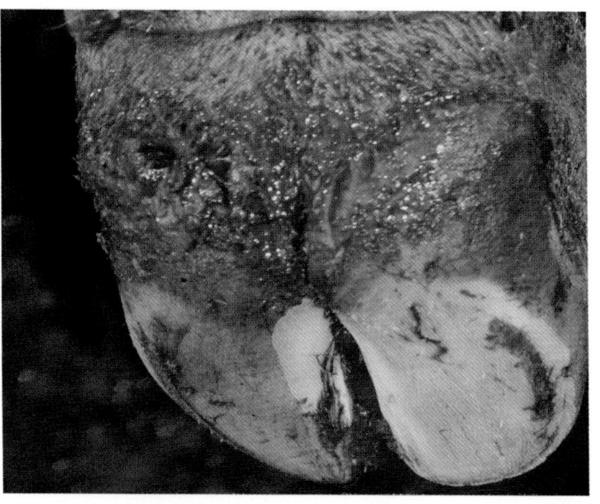

图5.57　这头青年公牛的蹄壁已经磨损，导致蹄底过度磨损

月5毫米的增长速度下，至少需要1个月才能修复损伤。

与奶牛群混养的配种公牛应该有规律的休息时间。比如，白天和奶牛一起饲养，晚上可以饲养于铺有稻草的运动场。另一种方法是使用替代公牛，这样它们就可以隔天工作。大型公牛通常觉得卧床不舒服，所以它们站立的时间更长，蹄壳磨损加快。特别是青年公牛，经常在奶牛发情前的24小时内跟随母牛四处走动，这种情况进一步增加了蹄的磨损。蹄尖溃疡通常伴有类似的症状，这在前面的章节中讨论过。一些农场报告说，在1头年轻的公牛混入牛群前，在8个指（趾）上都安装蹄垫，对预防蹄底变薄有很好的效果。

## 非愈合性蹄损伤

在21世纪前10年，关于非愈合性蹄损伤的报告有所增加，先是在英国和意大利，然后是其他国家。这些损伤可能最初被当成一个典型的蹄底溃疡或白线病，对其进行治疗并开始愈合，但随后复发到一个更严重的情况。第一个“新”发现是蹄尖坏死(115)，之后是非愈合性白线病（通常称为“蹄壁溃疡”）和非愈合性蹄底溃疡。随后的研究表明，非愈合性蹄损伤病牛中有许多会发生蹄皮炎（116）。区分这些非愈合性蹄皮炎病例的临床标准如下（116）：

• 暴露的真皮呈点状外观，像蹄皮炎，不像图5.8和5.11所示的正常乳白色上皮覆盖的真皮。

• 非愈合性蹄损伤有一种特殊的污秽色和恶臭味。

• 裸露的真皮外观潮湿。

• 病变对常规治疗反应很差。

### ■ *蹄尖坏死*

第一个非愈合性蹄损伤的报告是蹄尖坏死。由于患牛蹄尖疼痛，可以观察到它们用蹄踵行走，蹄尖过度生长。常呈中等程度跛行。抬起牛蹄可见蹄尖有一处恶臭的黑色病灶（图5.58）。治疗时，应切除所有分离角质及黑色坏死组织。在许多奶牛中，这种现象很普遍（可能需要麻醉），奶牛只剩下一截不负重的残指（趾）。图5.59是一个典型的患蹄[显示截指（趾）后]。注意指（趾）尖增厚的角质以及其过度生长延伸至蹄壁。这是需要彻底修蹄的原因。

图5.58　蹄尖坏死，蹄尖处有典型的恶臭

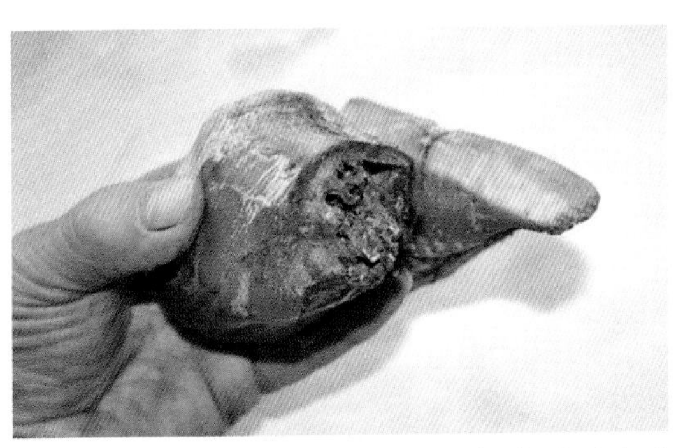

图5.59　蹄尖坏死，注意左侧患指（趾）的蹄尖明显较右侧正常指（趾）短，蹄严重变形，异常角质后延至蹄部深处

在蹄内部，蹄骨的顶端很可能受到感染（即蹄骨的骨髓炎）。图5.60为1例蹄尖坏死病例被侵蚀的蹄骨，右侧为正常蹄骨。注意，与正常蹄骨相比，发炎的真皮使患处骨表面形成了凹陷和不规则的侵蚀面。这些骨骼病变会引起疼痛。尽管与导致蹄皮炎的病原种类不同，兔慢性颌下脓肿和人的慢性梅毒也有类似的骨侵袭，这2种疾病都是由密螺旋体感染引起的。

积极地处理，即应彻底去除所有感染的黑色组织。一些临床兽医报道说这个方法很有效，但根据我的经验，这更像是一种姑息性治疗，许多病例需要在3～6个月后进一步治疗。由于蹄皮炎是一种细菌性感染，在去除蹄坏死角质后，应局部使用抗生素，最好用敷料包扎固定2天，同时注射抗生素5～7天。有研究表明，如果蹄冠带周围完整，从蹄壁大约1/2的位置切除坏死的蹄尖（需要麻醉）效果良好。理想情况下，需要X线检查来确定坏死的程度。然而，由于许多蹄部骨骼已经被严重侵蚀（图5.60），因此，完全截除蹄尖可能是最好的选择。病变仅累及蹄尖，大多数病例对截指（趾）术治疗反应良好。

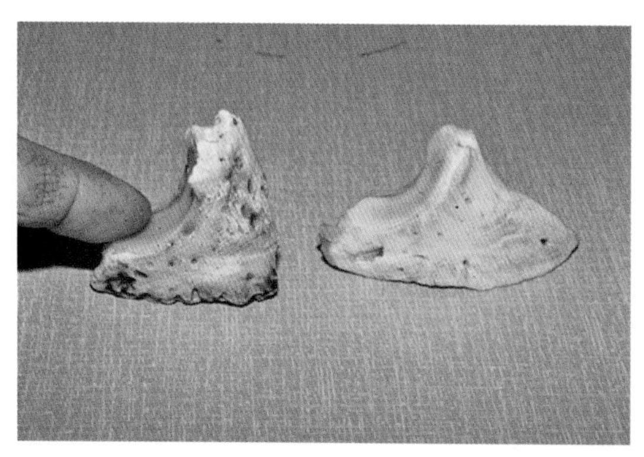

图5.60　从蹄尖坏死病例取出的被侵蚀的蹄骨（左），右为正常蹄骨

### ■ *非愈合性蹄壁和蹄底损伤*

如图5.61或图5.11所示，常规清除坏死的蹄底角质后，裸露的真皮被一层粉红色或白色上皮覆盖。

然而，近年又出现了一种新的综合征，许多蹄底坏死的病例表现为一种潮湿的“斑点状外观”，这是蹄皮炎继发感染的典型表现。蹄壁保持完整，蹄底的真皮功能紊乱，无法形成新的角质。图5.62是一个典型的例子。完全去除坏死蹄底角质，暴露出由新的角质覆盖的苍白/白色真皮以及红色斑点混合区域，这里有继发性蹄真皮炎的病变。图5.89还显示了坏死性蹄底处蹄皮炎。

图5.61　正常蹄，去除坏死的蹄底角质，病变与蹄底溃疡有关，暴露了一层正常的粉红色/白色角质覆盖的真皮

图5.62　这头牛的蹄病变继发于蹄皮炎，清除坏死的蹄底角质后，暴露出由新的角质覆盖的正常苍白/白色真皮以及红色点状病变混合区域

图5.63　典型的非愈合性蹄底损伤病例。由于有肉芽组织膨出，新的角质未形成

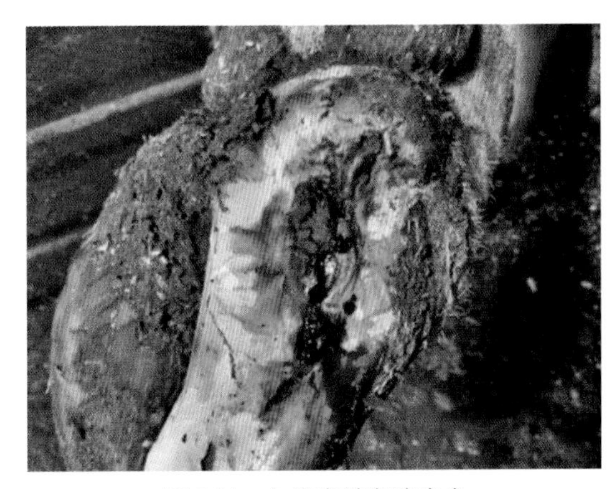

图5.64　白线病继发蹄皮炎

在图5.63所示的慢性感染病例中，肉芽组织取代了正常的蹄底角质。

早期病例的最佳治疗方法是清创、局部应用抗生素（可包扎），由于可能发生细菌感染，可注射抗生素治疗。即使这样，治疗效果也很差，许多病例要么需要在健侧指（趾）装置蹄垫或直接淘汰，要么患指（趾）不得不截除。图5.64为严重的病例，牛群中白线脓肿在疾病早期就发展为严重的恶臭坏死，而且一旦发现病变，每头患病奶牛都必须注射抗生素治疗。后来发现，该牛群的浴蹄方案有问题，浴蹄产品的添加量仅为推荐量的10%。

常规治疗无效的白线病有时称为蹄壁溃疡。图5.65是1个典型病例。注意蹄冠周围的肿胀。这很可能与继发密螺旋体感染导致泛发性骨质增生有关，可以触诊到皮肤表面下方的不规则骨。肿胀不会消退，而且这头牛将终生经历慢性感染。直到撰写本书时，这些非愈合性损伤仍然是截指（趾）术的主要指征（118）。

目前尚不清楚蹄皮炎是造成这类损伤的唯一原因，还是涉及其他因素。一旦损伤形成，受损的真皮就会导致蹄骨形成骨疣（图5.32B），反过来又会阻碍进一步的愈合。受这种情况影响的牛群可能会有一些长期跛行的低产奶量奶牛，或者不得不大量淘汰。

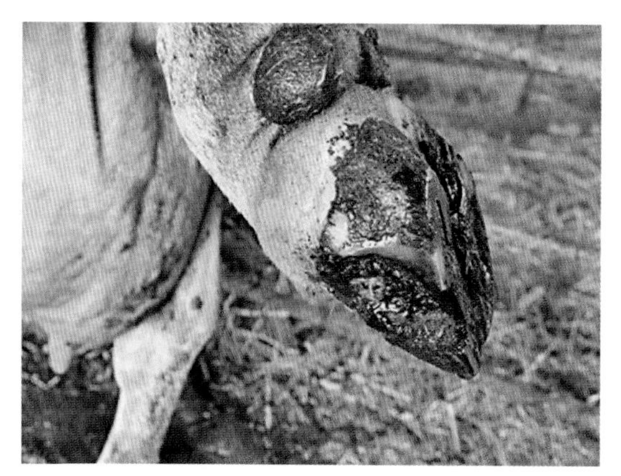

图5.65 这种慢性病变常称为蹄壁溃疡，愈合非常缓慢。注意蹄冠带周围的肿胀，这是由皮肤下可触及的骨不规则增生引起的

目前还不清楚蹄尖坏死是如何发生的。一种可能的说法是感染的起始点是蹄尖溃疡/蹄底变软或白线损伤。另一种说法是蹄皮炎病变从蹄冠带向下蔓延到蹄壁。在蹄皮炎控制不佳的牛群中，非愈合性损伤的发生率较高（浴蹄变得更加重要），但蹄皮炎发病率低的牛群也可能出现此类损伤。

## 蹄骨骨折

理论上，蹄底任何严重的创伤都可能导致蹄骨骨折。骨折线通常从蹄关节的中心到蹄骨的基部（图5.66）。

许多老龄奶牛蹄骨的关节面上有1条切迹，这是该部位骨折的一个诱发因素。发情爬跨时，奶牛受压而踏在粗糙的地面上，也是一个影响因素。随着年龄的增长，骨强度逐渐变弱，氟中毒或侵入性感染也可能导致骨折。

通常情况下，前肢内侧指多发，奶牛会呈交叉站立的姿势，由外侧指负重，如图5.67所示。然而，单凭站立姿势还不足以表明存在蹄骨骨折。双前肢内侧指蹄底溃疡的奶牛也会呈类似的站姿。

虽然触碰蹄部时可能有疼痛表现，但患牛通常没有或很少出现蹄部发热或肿胀。蹄壳对蹄骨起着极好的固定作用，如果在健侧指（趾）下装置蹄垫，多数病例在2～3个月内可痊愈。

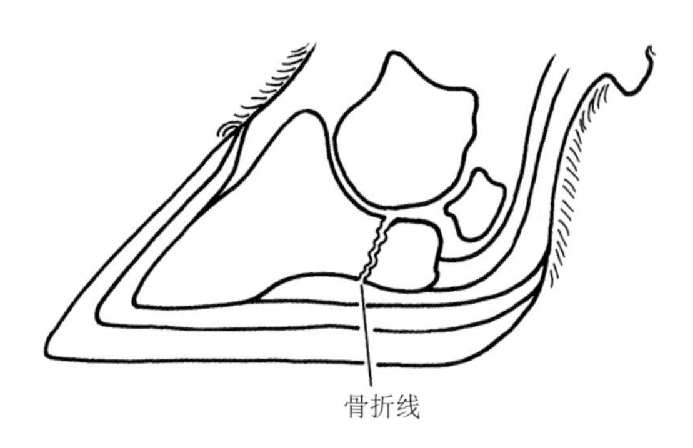


图5.66 蹄骨骨折。骨折线通常从蹄关节的中心到蹄骨的基部

图5.67 蹄骨骨折的牛交叉站立姿势

## 蹄病的治疗

在前文蹄病的相关内容中，已经给出了许多关于蹄病的治疗观点。以下是一些基本原则。

### 早期和有效治疗的益处

早期治疗是有益的。一项研究（113）表明，一旦动物的步态评分升高，早期治疗可将治愈率提高15%，并且从长远来看，跛行的奶牛数量也会减少。其中一个可能的原因是，早期治疗可降低发生不可逆性骨质病变的风险。另一项研究（119）显示，在治疗中使用蹄垫和非甾体类抗炎药（NSAIDs）可提高治愈率。

### 使用蹄垫

让患指（趾）休息可促进患牛恢复，因为能促进愈合，提高奶牛的福利和舒适度。因此，通过频繁修蹄，使得健侧指（趾）高于患指（趾），并承受更多的重量。最常用的是黏在蹄壁和蹄底的PVC蹄垫，黏在蹄底上的木蹄垫或橡胶蹄垫，以及用钉子固定的橡胶蹄垫。将木蹄垫（图5.68）或PVC蹄垫（如Cowslip，图5.69）固定在健侧指（趾）上，这样可让患指（趾）离地，减少负重，这是一种很好的治疗方法，有助于治愈。大多数蹄垫的底部蹄踵处比蹄尖处更厚，这使得蹄略微向前倾斜，增加蹄前壁角度，保护蹄垫避免过多的负重和压力。

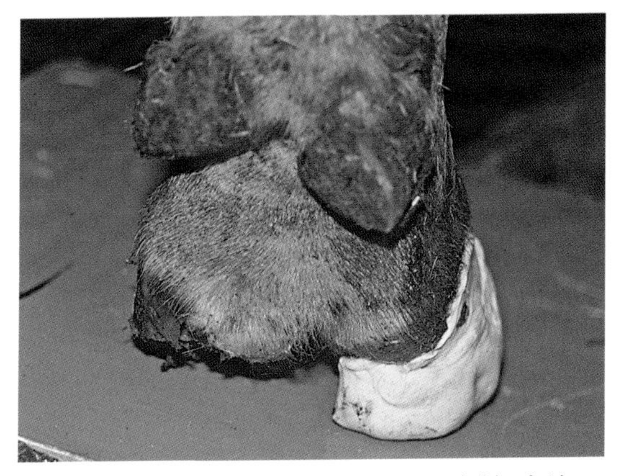

图5.68 黏合剂覆盖木蹄垫，患指（趾）离地

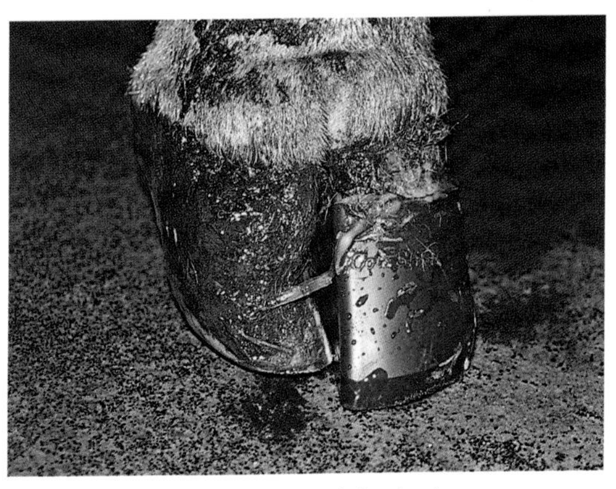

图5.69 PVC蹄垫（47）

■ *木蹄垫*

蹄部准备工作，用蹄刀或电刨彻底修整蹄部，是固定木蹄垫或PVC蹄垫的最重要步骤。在涂黏合剂之前，蹄的所有部位都要清洗、干燥（图5.70）。即使用手指触摸清洗过的表面，也可能会导致表面油腻，降低黏附性。如果患指（趾）有出血区域，尽管在上面连接一个长的塑料引流管可以引流血液，有助于防止血液溅到指（趾）上，但很难完全避免。用长度为3～5厘米、直

径7.5毫米的固定物或卷起来的纸卷把两指（趾）分开，可以改善轴侧壁的接触，使清洗和黏合更容易（图5.71）。将黏合剂混合到适当的稠度，然后在蹄底、蹄壁和待固定蹄垫与蹄接触的表面上涂一层。

接下来，将木蹄垫牢牢地压向蹄底。挤出多余的黏合剂；把它们涂在木蹄垫的两侧，以提高附着力。任何剩余的黏合剂都可以涂在蹄踵部，如果有足够的黏合剂，可覆盖整个蹄垫，以提高黏附力、强度和承重能力。

图5.70　涂黏合剂前先清理牛蹄（41）

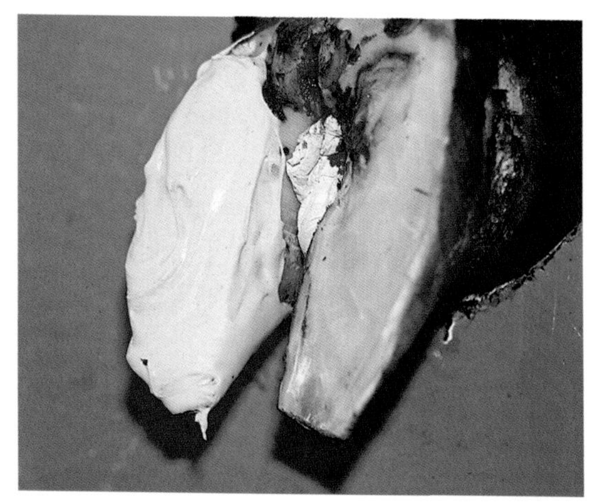

图5.71　将黏合剂涂在蹄底和蹄壁上。注意，用纸卷将两指（趾）分开，从而避免轴侧壁的接触

木蹄垫的前端应该至少与蹄尖保持一致，或者稍微向后，最好与蹄踵稍微重叠，如图5.72所示。太过向前的木蹄垫（图5.72）会使牛用蹄踵负重，造成严重不适，木蹄垫磨损不平整并加速磨损，可能导致蹄底溃疡。

不让蹄垫与蹄底在两侧有过多的重叠也有好处。许多商业化的木蹄垫太大了。可以去掉一部分，修整到合适的大小（图5.73）。这样可使用更少的黏合剂且提高附着力。

现在有速凝的黏合剂，即使在冬天，木蹄垫也能在几分钟内与蹄底黏合。

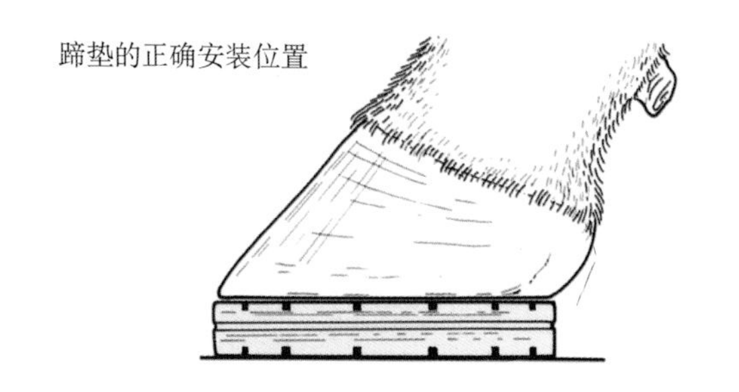


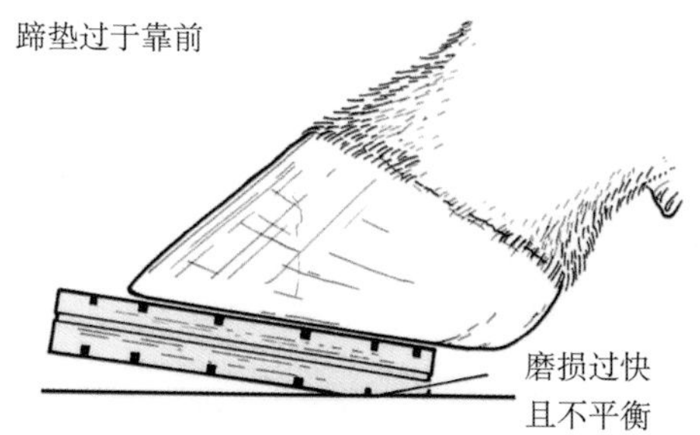


图5.72　右侧木蹄垫位置靠前，造成牛用蹄踵走路，并不舒服

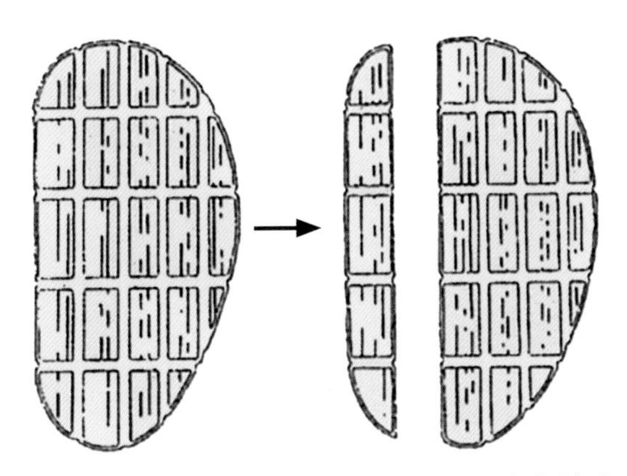

图5.73 许多商业化木蹄垫对于小的牛蹄来说过宽。去除一部分可提高附着力

## PVC蹄垫

我个人更喜欢PVC蹄垫（图5.69），因为PVC蹄垫的上壁比较厚，所以可以确保黏合剂牢固地附着在蹄壁上，牛的重量就会转移到蹄壁上，这当然是正确的负重面。这也是一个优势。使用前需要对蹄部进行彻底清洁（47）。其他次要优势包括：①黏合剂与蹄垫内侧接触，更为牢固；② PVC比木块磨损慢；③在使用过程中牛用力蹬踏时，蹄垫会受到表面张力的作用保持稳定；④即使在寒冷季节，如果蹄垫和液体黏合剂在使用前放在热水中预热一下，比传统的黏合剂黏合更快。

当黏合剂刚刚混合时，呈较稀的流动状。等到凝固过程开始，黏合剂变得足够黏稠，这样当蹄垫倾斜时就不会溢出。将黏合剂涂抹在蹄垫的内表面，使内部全部覆盖黏合剂，然后用力将蹄垫压到蹄子上。蹄垫的内壁要与蹄壁紧密接触（蹄壁应该负重），不要担心蹄踵有缝隙。如图5.74所示，这样可以减少健指（趾）在转移负重时因负重不当而出现蹄底挫伤或溃疡的风险。任何从蹄壁和蹄垫之间挤出的多余黏合剂都可以抹入蹄踵部蹄底和蹄垫的缝隙中。

和木蹄垫一样，PVC蹄垫必须被推到足够靠后的位置，以支撑蹄踵。这可能需要在使用前对健（指）趾进行一些修整。如果使用正确，PVC蹄垫和木蹄垫都应至少保留2个月，在此期间应注意比较严重损伤的愈合程度。然而，如果出现蹄踵处磨损，需要取下PVC蹄垫或木蹄垫，因为会导致行走不适。一项研究（21）发现，蹄垫可以保留74天，足够让蹄底角质长到大约12毫米，而乌拉圭的研究（81）发现，木蹄垫平均保留约42天。

图5.74 注意PVC蹄垫是如何黏在蹄壁上的，这样就在蹄垫和蹄踵之间留下了空间。这样可以使蹄前倾，减少健侧指（趾）发生蹄底溃疡的风险，还有助于保护蹄垫

## 用钉子固定的橡胶蹄垫

用钉子固定的橡胶蹄垫（图5.75）更便宜、更容易使用，但由于钉子有穿透真皮层导致感染的风险，其应用较少。此外，它们不会像黏合的蹄垫那样保留很长时间，脱落后的钉子有刺穿蹄底的危险。

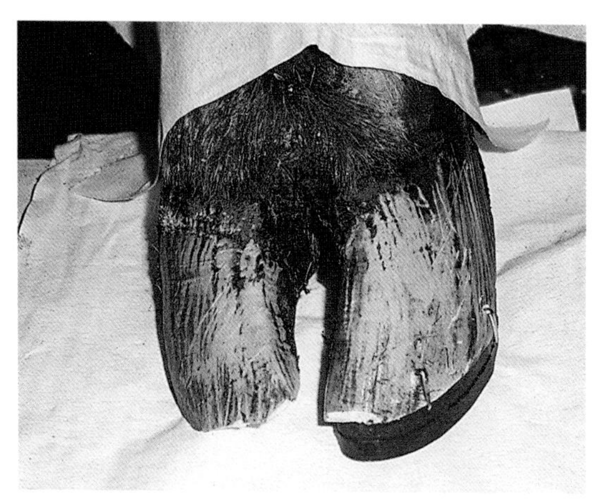

图5.75　用钉子固定的橡胶蹄垫

图5.76显示了入钉位置的重要性。A处将穿过白线，钉子本身倾斜的边缘使其向外偏转，将穿过蹄壁，完全避开所有敏感组织。然而，B处在白线内，尽管它钉入后仍会出现在蹄壁的另一侧，但从B处钉入会穿透真皮，这将导致感染、疼痛和跛行。

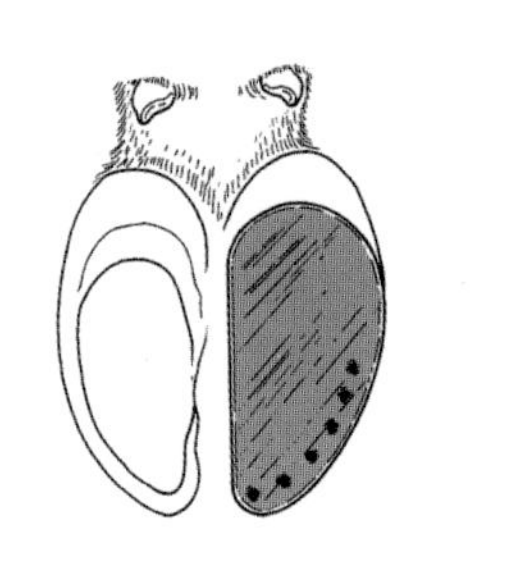

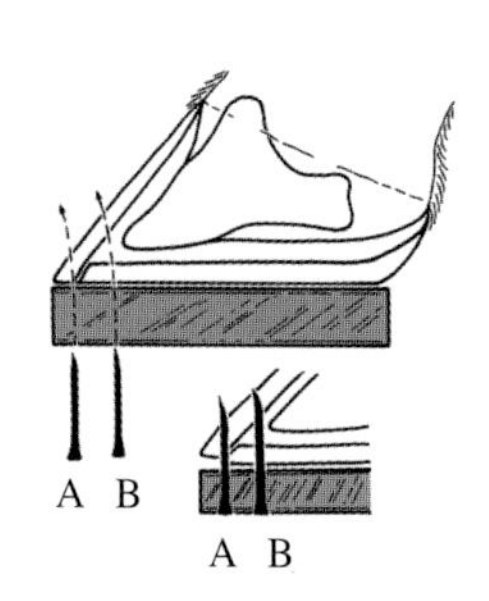


图5.76　橡胶蹄垫钉入的正确位置。在A处钉入白线的钉子会穿过蹄壁而不会损伤敏感组织。在B处穿透白线内会造成真皮感染、疼痛和跛行

在使用橡胶蹄垫之前，必须确保已经修整过蹄底，以提供一个健康的、水平的负重面，并且没有任何可能产生跛行的病变。牢固保定牛蹄，使钉子与蹄壁边缘成一个斜角，敲击钉子使其穿过蹄底的白线区域。凭借钉子顶端的单面斜角，钉子将会稍微向外弯曲，穿过蹄壁后可以固定。润滑过的钉子易于穿透蹄壁。通常最简单的方法是将第一根钉子在（指）趾尖钉入，确定蹄垫的位置后，第二根钉在靠近蹄踵位置，以便于确定其余钉孔的正确位置。

## 塑料蹄鞋

塑料蹄鞋（图5.77）曾经很流行。它们牢牢地绑在球节上，把两侧指（趾）都包起来。可以包扎病变部位。塑料蹄鞋分左侧和右侧指（趾），这样就可以让患指（趾）离地，减轻它的负重。然而，塑料蹄鞋现在已不那么受欢迎了，部分原因是它们很难固定，部分原因是因为蹄在蹄鞋内容易出汗变得潮湿，从而影响愈合。

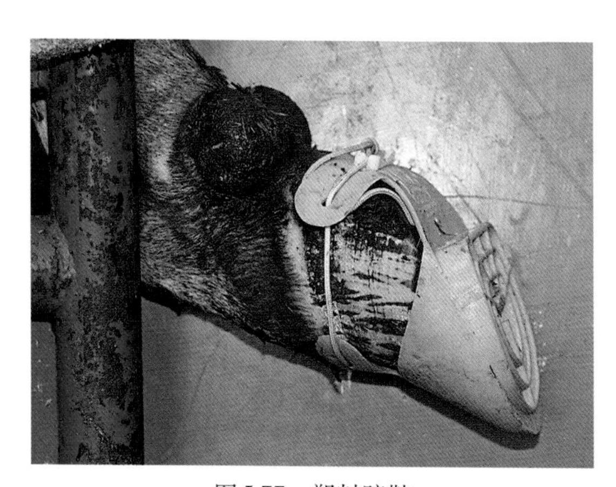

图5.77　塑料蹄鞋

## 蹄的包扎

对于清除蹄底分离的角质后或蹄底溃疡病例是否需要使用绷带包扎的问题，众说纷纭。越来越多的人（包括作者）认为，对于

大多数病变，包扎几乎不会产生积极影响，如果包扎时间过长，超过1～2天，就会产生反作用。唯一例外的是对于继发于蹄皮炎的病变，有时称为非愈合性损伤，局部应用抗菌药物后包扎可能是很好的选择。

如果真皮上有一层上皮覆盖，则不存在被环境因素（如泥浆）感染的风险，并且如果真皮裸露，新的角质很快会形成。

包扎蹄部，尤其是过度的包扎，有以下几个缺点：

• 包扎可能阻碍引流。

• 蹄底包扎过多，会增加蹄的压力和负重，从而阻碍愈合。

• 如果包扎时间过长，包扎材料会勒进蹄冠。

• 包扎会导致伤口潮湿。厌氧环境下伤口愈合不良。

在治疗蹄皮炎和非愈合性蹄损伤时，局部使用抗生素后包扎可能有效（尽管有些试验得到不同结果），但最多只能包扎2～3天。手术[如截指（趾）术]后控制出血也需要包扎，在严重的情况下，可与蹄垫联合使用。

曾有一段时间我总是用绷带包扎，现在很少这样做了。然而，确保伤口定期清理干净还是有好处的，如在奶牛进入奶台时，冲洗蹄部或者每天消毒浴蹄。

### 局部蹄病治疗产品

市场上有各种各样的外用产品、蹄喷雾剂等，声称能改善蹄部健康、减少跛行。我对这些没有什么个人经验，但正如我们从第二章所知，蹄角质由蹄真皮生成，破坏真皮会造成蹄角质生成不良，很难证明应用于蹄表面的产品可以对蹄的生长质量产生积极的影响。浴蹄液和直接用于皮肤病变（如蹄皮炎）的其他产品可能是有效的，因为它们是作用于皮肤和/或裸露的真皮，而不是因为它们对蹄壁有影响。

## 蹄部皮肤疾病

前文我们主要讨论了蹄角质病变和骨病变等蹄病。接下来，我们将讨论蹄部皮肤疾病。第一种是指（趾）间皮肤增殖，它是由慢性刺激引起的。另外3种——蹄皮炎、腐蹄病（腐蹄）和泥浆热，由不同的传染性因素引起，由于具有传染性，蹄部卫生对于这些疾病的控制十分重要。

### 指（趾）间皮肤增殖[指（趾）间胼胝或增生物]

也称为钉胼、指（趾）间肉芽肿、胼胝或是纤维瘤，但正确的名称是指（趾）间皮肤增殖，因为肿块只是正常皮肤的过度生长。图5.78为1个典型病例。奶牛的指（趾）间隙处，两指（趾）邻近轴侧（内）壁都有一小块皮肤皱襞，因此增生（皮肤过

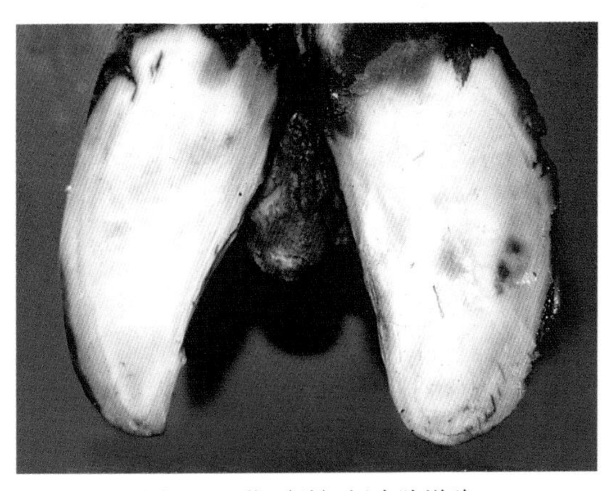

图5.78　指（趾）间皮肤增殖

度生长）可以从任何一侧发展。这种增殖是由于对下层皮肤的慢性刺激引起的。引起皮肤炎症的主要原因有：

• 慢性蹄皮炎。

• 轻度蹄皮炎和/或腐蹄病。

• 在非常粗糙的地面上行走，如砖块地面、劣质粗糙的混凝土表面或者是结块的土地上，所有这些都会导致指（趾）的过度开张。

• 在修蹄过程中去除轴侧（内）壁。这导致指（趾）向外张开，形成开蹄，并牵张指（趾）间皮肤，如图4.23（右侧蹄）所示。

• 这种情况可能有遗传性，特别是在大型奶牛品种和某些肉用公牛，如海福特牛。

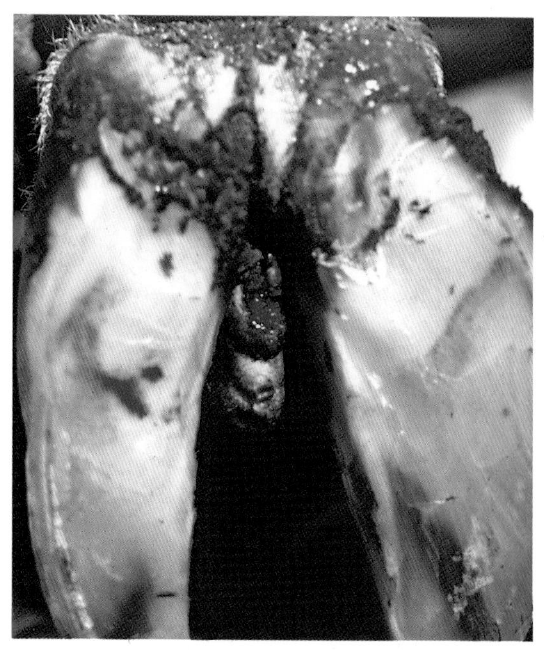

图5.79　指（趾）间皮肤增殖伴继发性蹄皮炎

在皮肤增殖病变的顶部常可见蹄皮炎的炎症病灶（图5.79），当牛群中蹄皮炎得到控制时，指（趾）间皮肤增殖的发生率通常会降低。可能发生继发感染，发生腐蹄病（图5.80），当然任何在皮肤增殖病变的顶部出现的蹄皮炎都必须进行治疗。

跛行是由于浅表性蹄皮炎或在行走时两指（趾）压迫和夹痛肿胀造成的。因此，从指（趾）间去除角质，从而增加指（趾）间隙内的空间并防止压迫，可以治疗小的皮肤增殖物。如果指（趾）间的压力减小，皮肤增生会慢慢消失。如图5.81所示，尽管切除术越来越不受欢迎，因为本身会对皮肤造成创伤，并且许多病变会再次出现，但较大的病变可能还是需要手术切除（麻醉状态下）。如果仅去除浅表皮肤（表皮），出血过多或继发感染的可能性很小。如果达到下层真皮并且暴露沉积脂肪，风险就会升高。当发生这种情况时，应局部使用并注射抗生素。

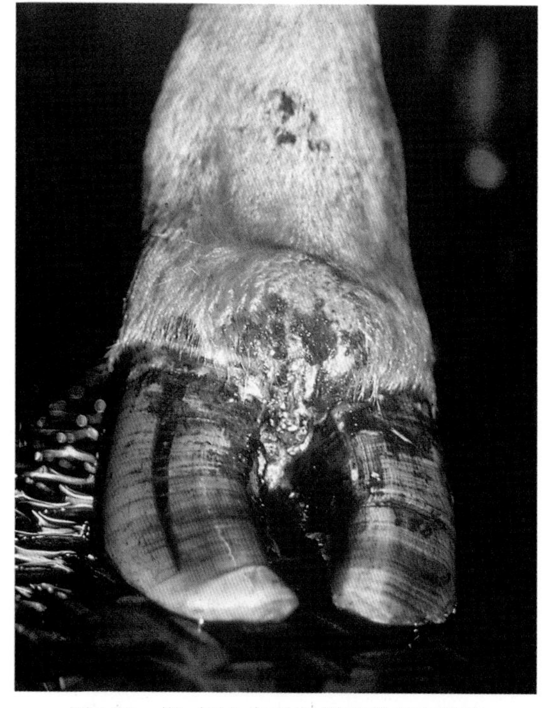

图5.80　指（趾）间皮肤增殖继发腐蹄病

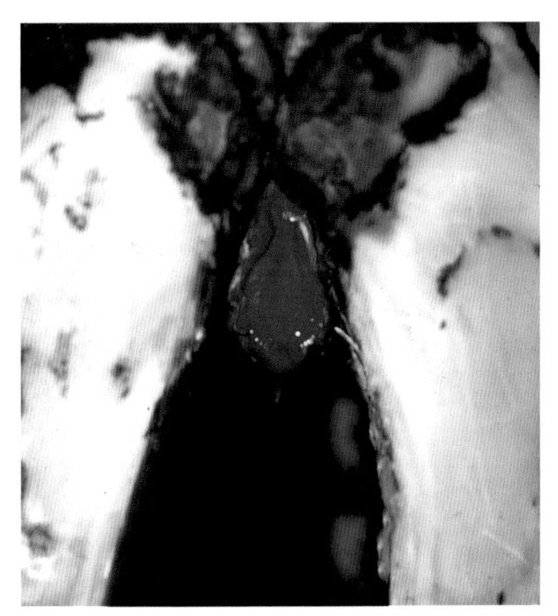

图5.81 大的指（趾）间皮肤增殖病变需要切除

定期浴蹄是控制蹄皮炎的最重要措施。如果每天使用福尔马林浴蹄，大多数增殖物都会消失。指（趾）间皮肤持续增生的奶牛可以每天后蹄站立在6毫米深的5%福尔马林溶液中浴蹄10～15分钟，这样可使增殖物减小。

## 腐蹄病

大洋洲和北美称为腐蹄病，英国有各种各样的称谓，例如“卢耶病”和“指（趾）病”。该病的正确病名为指（趾）间坏死杆菌病，是由坏死杆菌感染引起的，也可能与另一种细菌，产黑色素拟杆菌有关。在正常奶牛的粪便中均发现了这2种病菌。培养研究表明，产黑色素拟杆菌应进一步分为不解糖卟啉单胞菌（*Porphyromonas asaccharolytica*）和普雷沃菌属（*Prevotella* species）。在坏死杆菌侵入内层组织前，需要石子、棍棒或螺旋体对指（趾）间皮肤造成损伤。

病初可见蹄冠肿胀（如图5.82中的头胎牛），两指（趾）稍微分开，腐蹄的特征是指（趾）间皮肤裂开，经常排出脓液和坏死组织碎块，如图5.83所示。有人说腐蹄病有一种特有的气味，我个人并不相信这一点。

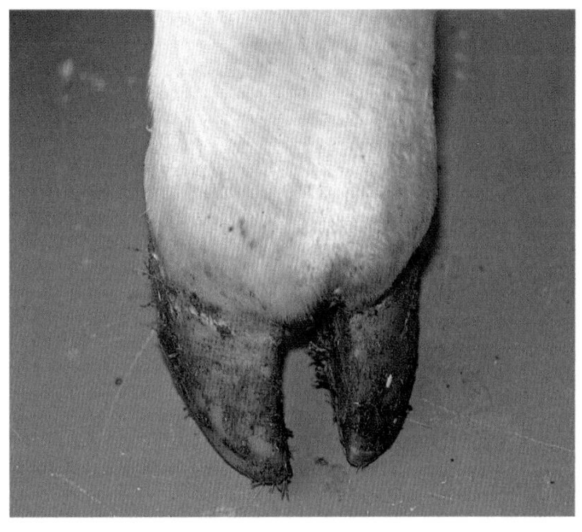

图5.82 患腐蹄病的头胎牛，注意因蹄冠肿胀致使指（趾）间隙变宽

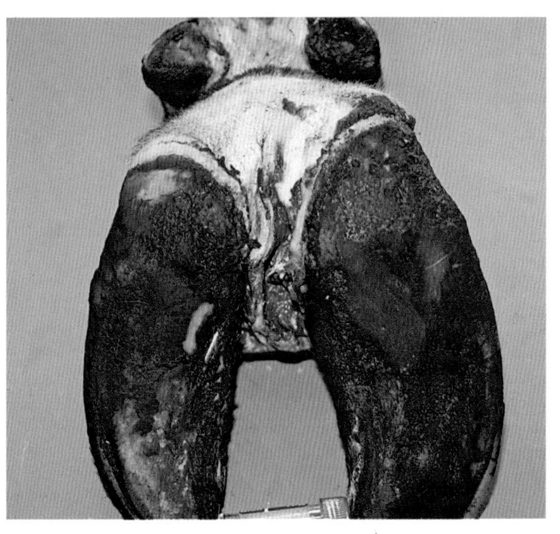

图5.83 腐蹄病，典型的指（趾）间皮肤裂开并暴露出其下真皮

重要的诊断特征是指（趾）间皮肤裂开并暴露出其下坏死的真皮。蹄皮炎主要是皮肤表层（表皮）的感染，但腐蹄病的特征是它产生的毒素会在深部真皮中引起坏死和组织变性。坏死杆菌有3种菌株，其中1种毒力特别强。这也是为什么有些腐蹄病轻微，而有些更为严重的原因之一。

在未经治疗的情况下，肿胀可能沿着蹄部的腱鞘向球节方向蔓延并越过球节，或者可能累及蹄关节。后者导致极其严重和持久的跛行，通常需要截指（趾）。图5.83中，由腐蹄引起的深层指（趾）间严重糜烂似乎造成了右侧指（趾）肿胀，且非常接近蹄关节。

应及时治疗，通常注射抗生素，以避免感染累及关节。在更严重的情况下，第一次治疗时给予抗炎药，如氟尼辛葡甲胺，能够改善治疗反应、降低动物体温、减少肿胀以及缓解疼痛。要抬起蹄部进行全面检查，以确保指（趾）间没有木棍或石子继续作用于病灶。

定期（即每日）浴蹄（见本章节后面部分）可有效控制牛群暴发本病。如果发病率很高，检查蹄部是否被诸如泥浆和维护不善的通道中的石子等尖锐物品损伤。在舍饲牧场和放牧牧场也可能暴发幼畜的腐蹄病，个别病例可见于2～3周龄犊牛。与乳房炎一样，未经治疗的个体病例可以成为其他奶牛的传染源，因此，应及时有效地治疗已感染的牛。

## 超级腐蹄病

这是指（趾）间坏死杆菌病的一种急性表现，除非在早期阶段进行积极治疗（39），一般治疗效果很差。尽管牛群中大多数病例同时患有蹄皮炎，但培养结果表明超级腐蹄病和腐蹄病的病原微生物相同。已经在超级腐蹄病的病牛中发现了一种侵袭性螺旋体，类似于在蹄皮炎患牛中和在绵羊、山羊超急性腐蹄病（羊传染性蹄皮炎，CODD）病例中发现的螺旋体。腐蹄病和超级腐蹄病之间的主要区别是发病的速度和病变的严重程度不同。超级腐蹄病在12小时内可见指（趾）间皮肤坏死，24小时内真皮处可见深度坏死裂隙。图5.84为典型的超级腐蹄病。因此，积极的早期治疗至关重要。所用的治疗方法类似于常规腐蹄病，但剂量更高且持续时间更长，并且需要配合至少一次初始剂量的非甾体类抗炎药。局部使用对厌氧菌有效的抗

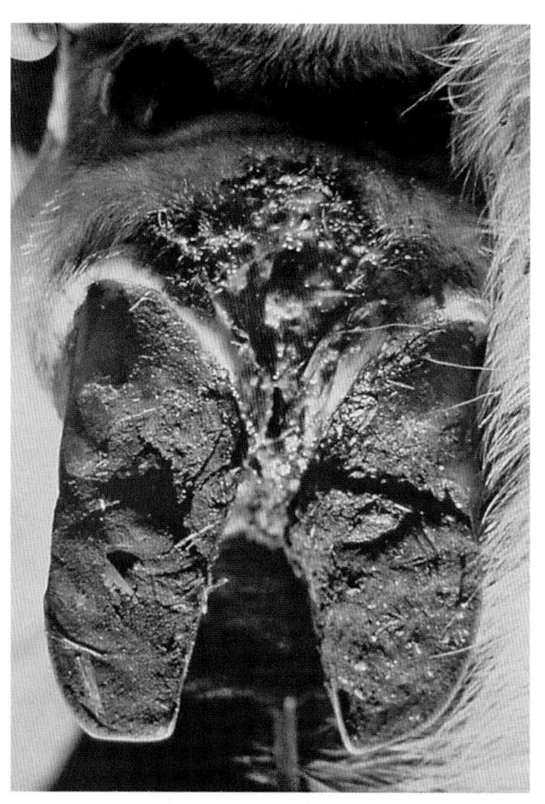

图5.84 超级腐蹄病引起的指（趾）间严重坏死

生素，如克林霉素、螺旋霉素、甲硝唑等，有一定的效果。与蹄皮炎一样，主要通过浴蹄控制超级腐蹄病。

### 蹄皮炎

意大利在1972年首次报道了蹄皮炎，于20世纪70年代末和80年代初期在欧洲蔓延到荷兰，英国1985年首次报道（13, 19）。蹄皮炎、白线病、蹄底溃疡和腐蹄病是目前在英国引起牛跛行最常见的4种原因。

有些文献将蹄皮炎（DD）和指（趾）间皮炎（IDD）分为2个独立的病，但由于它们在外观上非常相似并且对相同的治疗都有反应，因此，很可能是相同的病（75）。在本节中，我没有区分这2个病。临床病例分离到的病原菌DNA分型也表明蹄皮炎和指（趾）间皮炎是同一种螺旋体感染的不同表现。一些荷兰学者（83）将蹄踵坏死（也称为泥浆踵或蹄踵糜烂）归为指（趾）间皮炎，在英国或美国不这样分类。

典型的病变是蹄掌/跖侧皮肤先出现1个湿润、浅灰褐色、渗出区域（图5.85），表面粗糙有被毛，该区域恰好位于两蹄球之间，有1种特殊的恶臭味。清理表面后暴露出1个不规则的圆形区域，上面覆盖着白喉状伪膜（图5.86），下面为红色颗粒样肉芽组织（图5.87）。病灶主要局限于皮肤的表层（表皮），并不会造成邻近组织的肿胀，但令人惊讶的是，触碰病灶时牛非常疼痛。在这方面，蹄皮炎与腐蹄病不同，后者通常导致蹄冠带周围肿胀并向球节方向蔓延。有时，后期病变可能会形成被毛状突起，如图5.88所示。在北美，这些被称为毛疣。被忽视的病变可能会侵蚀蹄踵角质，造成蹄踵角质分离（图5.89）。众所周知，感染可以延缓蹄底溃疡的愈合，如图5.89所示，但最近已证明蹄皮炎（116,132）是多种非愈合性蹄损伤的诱发因素，如图5.62、图5.63和图5.64所示，其中许多导致截指（趾）。

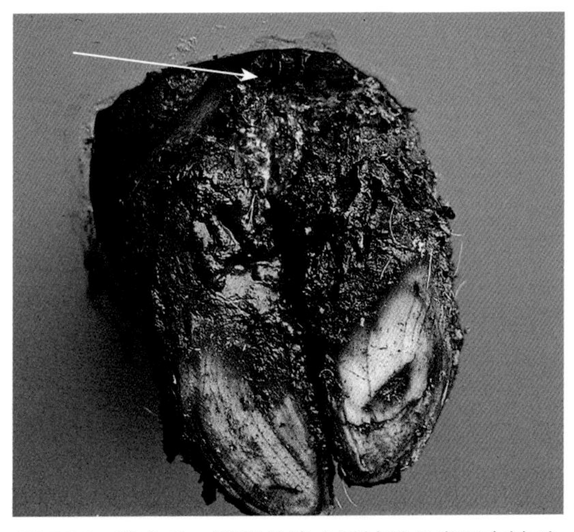

图5.85　蹄皮炎：潮湿的渗出区域并且表面有被毛

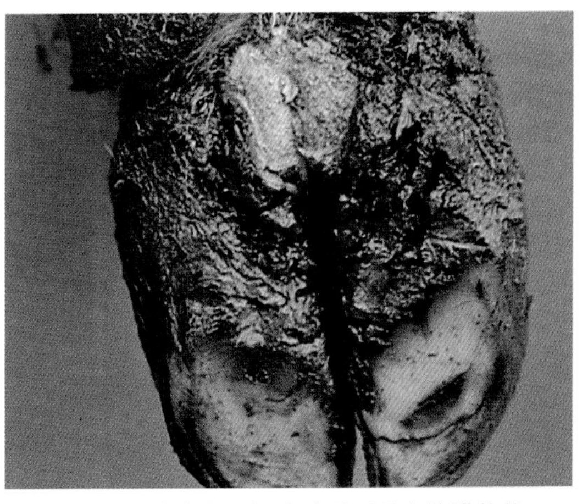

图5.86　蹄皮炎：初步清理后露出伪膜状物

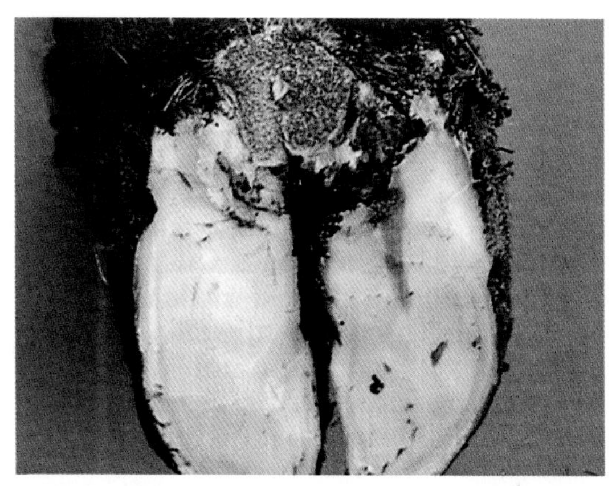

图5.87 蹄皮炎：彻底清理后露出红色颗粒样肉芽组织，剧痛

蹄皮炎的特征性红色炎症病灶也可见于指（趾）间（图5.90），有时称为指（趾）间皮炎，常见于指（趾）间皮肤增殖物的表面（图5.79），偶发于蹄背侧（图5.91）。蹄背侧发生的蹄皮炎，由于涉及蹄前壁角质的进行性分离，对蹄冠带周围角质的侵蚀会产生更严重和持久的跛行。严重感染的轴侧壁裂（图5.56）很难修剪，尽管还有其他原因，可能是由源于轴侧蹄冠带的蹄皮炎病变引起，本章前面已对此进行了论述。这种病变偶尔会出现小范围的暴发，导致患牛长期

图5.88 被忽视的蹄皮炎病灶发展为毛疣

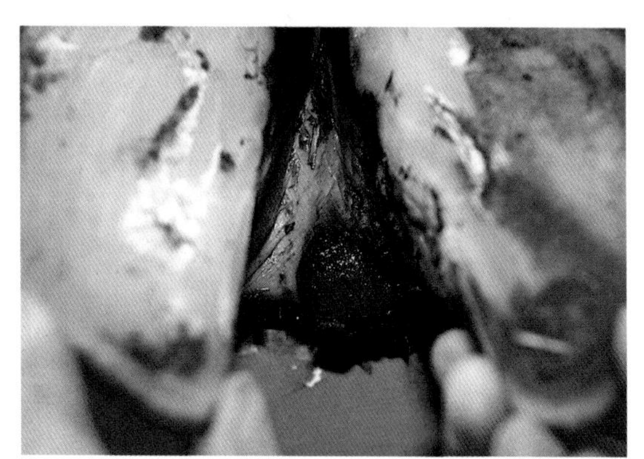

图5.90 指（趾）间皮炎

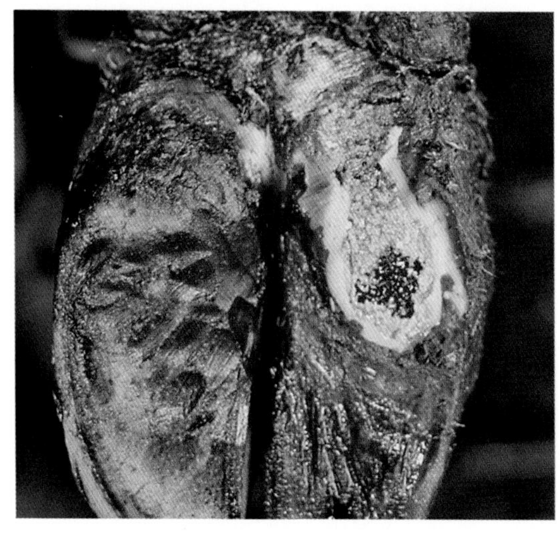

图5.89 蹄皮炎向下蔓延累及蹄踵

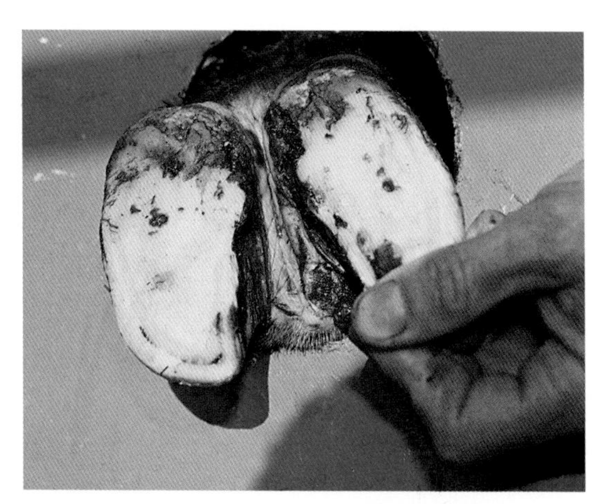

图5.91 蹄皮炎：侵及蹄前部边缘角质

跛行，通常感染的裂缝中会有肉芽组织膨出（图5.52）。有学者曾提出，蹄冠部的蹄皮炎感染可能是蹄尖坏死的主要原因。

现在已知，这种感染呈一系列的感染阶段，常称为M期（120），感染阶段划分如下：

M0 = 洁净未受感染的皮肤。

M1 = 小的早期红色疼痛病灶，直径<2厘米。

M2 = 典型的红色溃疡性病灶，直径>2厘米，如图5.87所示。

M3 = 早期愈合，有时出现皮肤结痂，如图5.88所示。

M4 = 慢性干缩性病灶，如图5.92所示。

从M0到M1/M2发展迅速，例如，仅需2～3周（特别是经历免疫抑制的泌乳前期奶牛，这将在后面讨论），因此，控制蹄皮炎必须基于防止病变发展的原则。蹄皮炎病变似乎很快出现和消失，除非每周对奶牛进行步态评分，否则，可能会遗漏病变。在一项研究中（128），每周监测742头奶牛的蹄皮炎，平均病变持续时间为1.7周。正如人们所预料的那样，泌乳前期奶牛的病变持续时间比泌乳后期长。另一项研究（129）发现，自然发生的蹄皮炎平均潜伏期为32天，最少13天，再次证明了频繁监测的重要性。

图5.92　这头奶牛蹄踵部黑色结痂区域是典型的M4期病变。虽然这头奶牛并未表现跛行，但却是一个非常重要的病原携带者和传染源，可将病原传播给其他奶牛，类似于高体细胞计数的乳房炎奶牛

### ■ *蹄皮炎的细菌性原因*

蹄皮炎是浅表皮肤的感染，对局部抗生素的迅速反应表明，较早期即已涉及细菌感染。与密螺旋体家族的不同侵袭性螺旋体有关（24，86，40），通常用Taq酶和DNA分析进行区分（102）。可能会分离到溃蚀密螺旋体（*Treponema phagedenis*）、媒介密螺旋体[*T. media*，旧称文氏密螺旋体（*T. vincentii*）]和足癣密螺旋体（*T. pedis*）。密螺旋体与牛的裂坏疽性皮炎和乳头坏死、羊传染性蹄皮炎（CODD）、美国野生麋鹿蹄部病变以及猪的尾部、耳部和侧腹咬伤均有关联。因此，对于那些少数没有发生过蹄皮炎的牛群，避免与绵羊和猪的密切接触非常重要。肉牛蹄皮炎的问题日益严重，事实上，北美对该病的首次报道是肉牛饲养场发生的。涉及的密螺旋体与那些导致人的口腔感染和梅毒、兔齿龈感染和猪痢疾的密螺旋体类似。

### ■ *传染源和传播方式*

无论是处于M1、M2、M3还是M4期，有病灶的奶牛总能分离到密螺旋体，而没有病灶的奶牛分离不到。令人惊讶的是，自从发现该病与粪污有关以来，尽管经过深入研究，但在牛粪便、粪肥、靴子、拖拉机、刮粪板以及环境中的其他地方未发现感染源。巴西1项研究报告，在所有出现蹄部病灶的奶牛瘤胃中发现了致病微生物（161），这项工作需要重复验证。一项研究报道，偶然在淘汰牛的牙龈和直肠-肛门交界处发现了感染源（117）。

最近，在手、修蹄刀以及处理感染性跛行奶牛的修蹄工及兽医的其他设备上也检测到感染源（121），并且通过简单的消毒并不都能防止感染。因此建议，修蹄时2头奶牛间隔期要对手和设备进行清洁和消毒，要特别注意牧场之间的传染。不过，我怀疑牧场之间的牛群调动带来的威胁远比修蹄刀更严重。在撰写本书时（2014年），我们经常工作的其中一个牧场从未发生过蹄皮炎，在那里我已经做了多年跛行奶牛的研究，牧场完全封闭管理约20年，并且冬季不会牧羊。牧场主还有一个健康指标很高的养猪场，因此，我在拜访时总会穿牧场的靴子和新的干净衣服！

图5.93 长期浸泡在粪污内，是蹄皮炎发病的一个相关因素

环境因素

环境卫生是疾病的主要影响因素。舍饲牛，尤其是奶牛会暴发十分严重的蹄皮炎。发情期的青年母牛、肉牛，甚至犊牛也会发病。疾病与环境潮湿、蹄部卫生不佳、站立时间较长以及长期接触粪污有关（图5.93）。试验性感染蹄皮炎的唯一方法是将奶牛蹄子放在装满水的靴子里10天。试图将该疾病传播到干燥的皮肤没有效果。潮湿和肮脏的牛蹄，具备厌氧和高氨环境，微生物在牛蹄上似乎生长良好。最初微生物似乎先通过毛囊进入，然后繁殖并侵入牛蹄皮肤。

在下一章中将讨论导致站立时间过长并因此增加与粪污接触的因素，包括：

（1）清粪不勤。

（2）饲养密度大。

（3）奶牛卧床数量不足。

（4）通道狭窄导致粪污积聚过多。

（5）站立时间过长。

（6）自动刮粪板。

（7）卧床使用率低。

可能是积粪而不是泥浆导致了发病，因为过去在澳大利亚、新西兰和南美洲的放牧牛群中蹄皮炎比较少见，但现在蹄皮炎正在增多。几项研究表明，自动刮粪板与蹄皮炎的增多有关。原因尚不明确，但可能是由于刮粪板会使粪污产生波动，或者因为刮粪板通常安装在狭窄的通道中，或者因为刮粪板清理了少量从卧床掉落的、能使通道干燥的垫料。水冲系统也可导致蹄皮炎的发病率升高。

■ *免疫*

机体对该病的免疫反应似乎很复杂。如果是这样的话，通过简单疫苗接种来控制该病的前景并不乐观。这方面的证据是，后蹄的病变比前蹄更常见，如果受到感染，牛更有可能在2个后蹄上出现病变（64）。此外，通常情况是1头奶牛年复一年地发生蹄皮炎，这表明机体缺乏有效的免疫反应或潜在感染的复发。当然，这也可能是因为这些牛在群内地位较低，经常长时间等待采食和挤奶，在粪污中站立的时间更长，或者因为它们的蹄部构造使得蹄踵更易落入粪污中。

许多牧场都会认识到，无论泥浆污染程度如何，牛群中都有一些奶牛始终不会患上蹄皮炎，但同一群牛中的其他奶牛，无论采取何种治疗措施，似乎从未改善发病状况。通过比较来自2组奶牛的DNA样本，显示（122）在染色体6和26上存在遗传差异，称为SNPs（单核苷酸多态性），这解释了易感差异性。这类似于携带乳腺癌基因的人和不携带乳腺癌基因的人之间的遗传差异。因此，最好给易感奶牛使用肉牛精液配种，并且不保留其后代作为后备奶牛，将来有可能从选育公牛方面入手，培育出具有抵抗力的犊牛。另一项研究（131）表明，指（趾）间隙的厌氧环境促进了蹄皮炎的发生。通过测量138头荷斯坦奶牛的指（趾）间距（IDCS），可以看出IDCS较宽（>3.8毫米）的奶牛患蹄皮炎或指（趾）间皮炎的风险为5%，而IDCS较窄（<3.1毫米）的奶牛则有39%的风险。前蹄的平均IDCS为3.7毫米，而后蹄的平均IDCS为3.0毫米，这可能就是后蹄出现更多蹄皮炎的原因。文章还强调了在修蹄时确保足够指（趾）间隙宽度的重要性。

奶牛在产犊和泌乳早期的免疫力下降可能是另一因素。图5.94显示，在泌乳早期（即产犊后1～4个月）的发病率最高，特别是在冬季（64，22），并且泌乳期奶牛的发病率高于干奶期奶牛。

图5.94显示，干奶期奶牛蹄皮炎（黄色柱）和腐蹄病（绿色柱）的发病率很低，但产犊后发病率迅速上升，在泌乳后期再次下降。图5.95显示了干奶期奶牛典型的蹄皮炎早期病变，如图所示，指（趾）间隙周围的

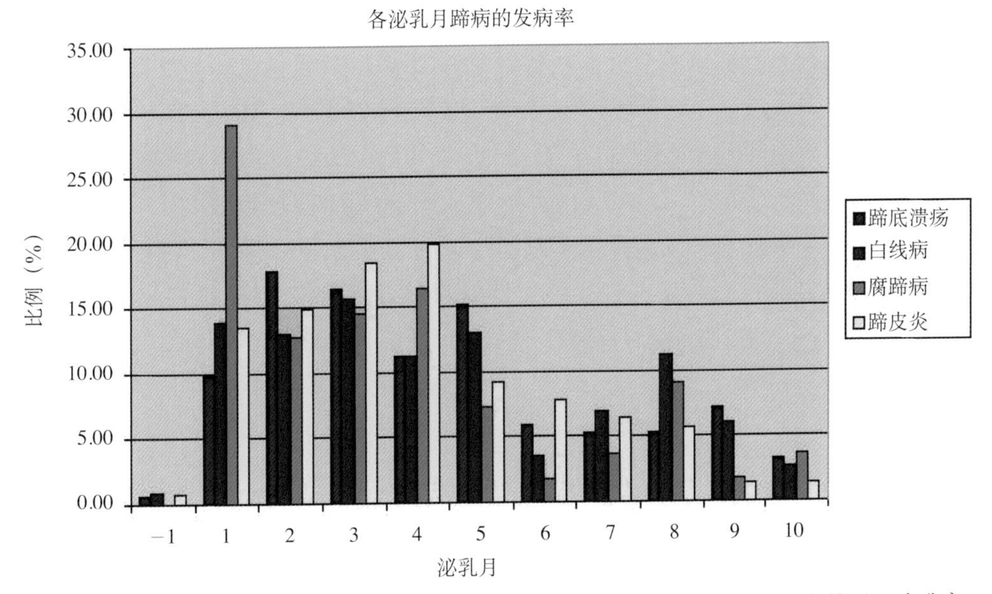


图5.94　干奶期奶牛蹄皮炎（黄色柱）和腐蹄病（绿色柱）的发病率低，但产犊后迅速升高

皮肤和右侧蹄踵皮肤-角质连接处的皮肤轻微增厚或角化过度。如果不处理的话，在泌乳早期会很快发展成蹄皮炎的开放性溃疡。因此，理论上干奶期奶牛或围产期奶牛就需要开始浴蹄，即从产犊前2～3周开始。

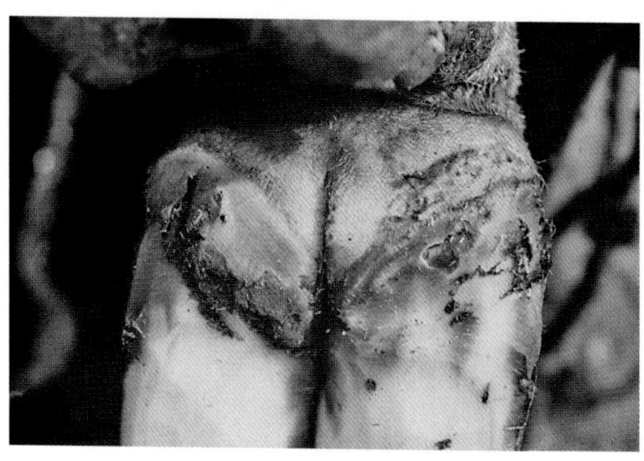

图5.95 皮肤轻度增厚，蹄皮炎的早期病变

泌乳早期蹄皮炎发病率高的主要原因有：

（1）产犊时的免疫力下降增加了易感性。

（2）泌乳早期奶牛站立时间更长（由于挤奶、吃料、运动和牛群混群——见第六章）。

（3）采食高精料日粮的奶牛，其粪污中细菌含量更高。

（4）泌乳早期奶牛的粪便更稀。

（5）饲养密度通常较高。

（6）干奶期奶牛可能在垫了褥草的运动场饲养，而新产牛更可能是使用卧床。

在封闭的牛群中，常在购入新牛或头胎牛转入牛群后2～8周出现发病（12）。高淘汰率以及频繁购牛可能会使牛群持续存在感染。

### ■ *蹄皮炎的治疗和控制*

蹄皮炎是一种传染病，与乳房炎有许多相似之处，也称为“蹄部乳房炎”。使用这种比喻将有助于我们理解蹄皮炎的治疗和预防。

例如：

• 改善环境可降低感染风险并减少新发病例。

• 现有的临床病例为传染源，可将病原传播给其他奶牛，应紧急治疗这些病牛。

• 抗生素只用于治疗，不用于预防。

• 预防临床病例的出现比治疗已发病例更有效。

• 基于环境控制和定期消毒来预防。鉴于控制乳房炎时每天进行2次乳头消毒，我们需要考虑每天2次浴蹄以控制蹄皮炎（很多牛场正在使用的程序）。

• 干奶期处理感染会减少泌乳期发病。

#### 治疗

尽管遗传易感的奶牛和患有非愈合性蹄病的奶牛还存在其他问题，但对蹄皮炎病灶的单独治疗通常有效。用脱脂棉和/或通过修蹄刀轻轻刮干净感染区域，然后局部使用抗生素。虽然意见不一，但敷料包扎最好持续2天或最多3天，从而使抗生素能够吸收和起作用。但如果你认为存在无法拆除包扎敷料的风险，那么最好不要包扎。将局部抗生素与可的松或阿司匹林等抗炎药物联合使用可以改善治疗效果（133, 134）。有人局部使用抗生素类乳区灌注剂治疗蹄皮炎效果很好，可能这类药物特异性渗透组织的效果好，注意在一些国家这可能需要弃奶。在对19头奶牛（130）进行的治疗性试验中，将四环素粉末应用于蹄皮炎病灶处并用绷带包扎，未导致牛奶中抗生素超标。

含铜软膏和其他专利产品（如有机酸和茶树油）也很有效，但在早期阶段可能导致更疼痛。它们会破坏表层组织和细菌，有些会引起浅表组织损伤，但这类产品不会以与抗生素相同的方式渗透组织并杀死细菌，因此，可能需要更长的治疗时间。一般来说，它们可能更便宜。即使跛行严重，通常一次治疗也足够。不过蹄冠病变、晚期毛疣和非愈合性蹄病除外，这些疾病都可能需要长期治疗，包括局部使用抗生素和注射抗生素。大的毛疣样病变（图5.88）可能需要在局部麻醉下手术切除。

牛群暴发蹄皮炎时，可用抗生素浴蹄治疗，但最好选用消毒剂类的浴蹄液浴蹄，见下一节。可先用土霉素，剂量为4～8克/升，连续2次或3次挤奶后浴蹄，或使用150 克的抗生素复方制剂（含林可霉素33克和大观霉素66克）配制150升浴蹄液。也可以用泰乐菌素、红霉素，甚至是可溶性青霉素替代。事实上，廉价的青霉素已被证实对螺旋体有惊人的效果。在一些国家，不允许使用抗生素浴蹄；有些国家允许使用，但规定了弃奶期。

抗生素浴蹄液最好的应用方式是，在奶牛进入待挤厅前先用高压水管冲洗蹄部（尤其是蹄踵，图5.96）。虽然这对于每日常规蹄浴消毒来说过于繁琐，但研究表明，仅仅用高压水管冲洗也有助于控制蹄皮炎。在奶牛通过蹄浴池之前让牛蹄上的水尽量沥干。这只需要非常短的时间。通常抗生素浴蹄一次就足够了，不应过多而干扰挤奶。另一种方法是让奶牛进入含有抗生素溶液的蹄浴池前先经过装满水的预洗池。初期的治疗效果十分明显，在抗生素浴蹄后24小时内，蹄部疼痛的奶牛数量显著下降。但不幸的是，治疗反应持续时间很短，需要基于环境卫生和浴蹄采用不同的方法来控制蹄皮炎。

图5.96　抗生素浴蹄之前，在待挤厅内用高压水管冲洗蹄踵

一旦牛群中出现蹄皮炎，很少有彻底清除的报道。对33头怀孕青年牛进行的一项研究显示（138），使用长效头孢噻呋（6.6毫克/千克）后让受试牛在5%福尔马林浴蹄液中站立5分钟，这一联合处理可以明显抑制蹄皮炎。当头胎牛转入泌乳牛群后，蹄皮炎进一步发展，变得难以治愈，但这可能是一种新的感染。

### 环境卫生

环境卫生至关重要，其中比较重要的因素包括：

• 卧床、饲喂通道以及挤奶厅应每天至少清粪2次，如果每天挤奶3次，则最好每次挤奶时都清粪。

• 混凝土地面应排水良好，没有坑、洼、其他粪污和水可以蓄积的区域，因为潮湿环境下牛蹄特别容易感染蹄皮炎。

• 理想的做法是使用充足的卧床垫料，以使部分垫料落在通道上，这样可以减少蹄部接触粪污，并可吸收牛蹄上的多余水分（图6.13）。

• 多项研究表明，蹄皮炎的增加与使用自动刮粪板有关。虽然刮粪板可更频繁地清除粪污，但也会沿着通道在前端推出一个粪污堆，使蹄部完全浸没其中。自动刮粪板还会清除落入通道的少量卧床垫料，这些垫料可以给奶牛提供干净的站立区域。

• 牛舍应通风良好，以尽可能多地除去潮气。奶牛是非常"湿"的动物，通过尿液、粪便、汗液和呼吸每天排出的水高达60升。

• 应尽量减少站立时间，以减少蹄部与粪污的接触（这将在第六章中关于奶牛时间分配部分详细讨论）。

• 奶牛应在舒适的圈舍内，散栏式牛舍卧床通道宽度至少3米（10英尺）、饲喂通道至少5米（15英尺）。饲养密度应该合理，最多饲养头数为卧床数量的90%，以确保牛蹄接触粪污的时间最少以及最佳的躺卧时间。

• 为每头奶牛提供足够的采食空间0.6米(2英尺)，特别是新产牛，尽量缩短站立时间。

• 蹄皮炎感染牛群应定期消毒蹄部，理想情况是每天2次，至少每天1次、1周7天每天进行，包括围产期奶牛。

• 治疗临床病例，因为这是其他奶牛的传染源。

■ *预防性浴蹄*

定期消毒浴蹄对控制蹄皮炎、腐蹄病和其他导致跛行的感染性蹄病非常重要，对控制指（趾）间皮肤增殖或胼胝也有帮助。在第六章最后一部分给出了进一步的实用要点，应结合下面的内容来阅读。

如图5.94显示，蹄皮炎和腐蹄病在产犊后都显著增加。正如前文所述，这可能是由于围产期的免疫抑制和站立时间增加的联合作用，后者导致蹄更潮更脏。因此，控制蹄皮炎应从干奶后期开始，最好是在奶牛进入围产期之前，即在免疫抑制开始之前。图5.95为干奶期奶牛的蹄皮炎早期病变。注意指（趾）间隙周围[位于指（趾）间隙是主要感染部位之一]和右侧蹄踵皮肤-角质连接处皮肤的特征性过度角化（干性增厚）。这是一个非常轻微的M4期病变。在蹄皮炎的这个阶段或更早的时候就应该开始浴蹄，可以阻止这些病变的发展，并能延缓病变向图5.87所示的开放性溃疡发展的进程。当然，更好的办法是定期消毒蹄部，这样即使那些微小的病变也形成不了。与乳房炎一样，预防疾病的发生要比发病后再去治疗更好。此前的研究表明，育成牛和适繁青年牛患蹄皮炎的风险是头胎牛的4倍。因此，即使发病率很低，浴蹄也是值得的。

因为消毒剂通常只能减少表面细菌的数量，而不像抗生素那样作用于表皮内，所以使用消毒剂浴蹄必须定期进行，以达到理想效果。现在很多牧场每周7天、每天2次用新配制的消毒剂浴蹄，取得了满意的效果。其他流程，如每天2次、每周5天也有一定效果，但不会那么高效。

浴蹄设施应设在挤奶厅出口外、牛每天走的回牛通道上，但不要太靠近挤奶厅以防拥堵出口或减慢挤奶速度。任何影响挤奶效率的事情都不可以频繁发生！理想的情况是，从挤奶厅出口到蹄浴池之间的空间足够大，以保证至少一侧奶台（并列式或鱼骨式）的牛能够离开，从而最大限度地减少对挤奶造成的干扰。

如果奶牛进入蹄浴池时蹄部干净，并且能够出来后走到干净的混凝土地面上（刮干净），那么浴蹄效果更好。有时使用2个蹄浴池，中间用一段突起的混凝土台分开。第

1个池子为清水，用于洗掉蹄部粪污，突起的混凝土台确保蹄部浸泡浴蹄液前稍微沥干。蹄浴池要足够长（2.5～3.0米）以确保每头牛至少可以在池内走2步。预清洗环节也有争议，一项研究表明，如果使用2个蹄浴池，第2个池内的粪便污染会十分严重。其他人则不同意这种观点。如果每天浴蹄1～2次，设不设预洗池可能并不重要，大概是奶牛习惯了穿过蹄浴池，所以不太可能排便。常规建议，每头牛每次挤奶后要使用1升的浴蹄液来浴蹄，因此，150头牛的牧场需要150升的蹄浴池，或者反过来，如果蹄浴池是300升的，足够让这150头牛浴蹄2次。要确保蹄浴池的地面坚固，并且表面适宜行走。如果蹄浴池底面像图5.97那样凹凸不平，奶牛不喜通行，这种情况下奶牛不愿进入蹄浴池，从而增加粪便污染和乳头被消毒剂溅到的风险。图5.97中蹄浴池底面的脊状凸起据说可以将指（趾）分开以便浴蹄液浸入指（趾）间，但这不必要，因为当蹄部着地负重时指（趾）会自然张开。

双倍宽度的蹄浴池可以使牛群更好地流动，我个人认为这更可取。如果1头奶牛犹豫是否要进入蹄浴池，另1头奶牛经过它并通过蹄浴池，那就会促使不情愿的牛通过。让牛群从挤奶厅的宽大出口变成单列宽度通过似乎也不合理。录像显示，这会导致蹄浴池入口处奶牛蹄部的非常规运动，可增加患白线病的风险。更宽的蹄浴池还会降低奶牛对蹄浴池的恐惧感，可降低蹄浴池的污染。如果每头牛每次只使用1升浴蹄液，那么双倍宽度的蹄浴池不会增加成本，因为它们更换浴蹄液的频率也会降低。尽管图5.98中蹄浴池的入口比较狭窄，但其优点是蹄浴池很宽，且池底面低于混凝土地面，并且混凝土池底有牢固的六边形防滑槽。图中的蹄浴池

图5.97　奶牛不喜欢从底面有脊状凸起的蹄浴池上经过

图5.98　图中的蹄浴池很宽并且有坚实、不宜滑倒的混凝土表面，因此，牛群可以轻易穿过。它刚好和拖拉机刮粪板的宽度一致，每次挤奶后都可以很容易地清理

宽度与拖拉机刮粪板宽度相同，每次挤奶结束后都很容易清理。

蹄浴池中的浴蹄液不要放得太满。浴蹄液需深70～90毫米，刚好浸没蹄部，并留有一定的余量以补偿奶牛通过时蹄上带走的浴蹄液。浴蹄液过深可造成浴蹄成本增加（需使用大量浴蹄液），而且奶牛可能不愿意进入深水区。

浴蹄后的牛应该进入一个干净的、刮过粪的圈舍。如图5.99所示，如果干奶期奶牛是舍饲的，可在卧床躺卧区和采食区之间的交叉通道中设置1个蹄浴池，这样非常便于进行浴蹄。饲喂通道位于照片的后侧，而卧床躺卧区在照片的前侧。当饲喂通道刮净并投放新鲜饲料时，照片左侧的门关闭，干奶期奶牛穿过蹄浴池进入采食区。这个700头的奶牛场，泌乳牛每天浴蹄2次、干奶期奶牛每天浴蹄1次，每周7天每天都执行。活动期蹄皮炎（M2期）、腐蹄病和蹄尖坏死发病率几乎为零。

图5.99 为圈养干奶期奶牛设置的蹄浴池。将奶牛赶到前方的卧床区，而照片后方的饲喂通道已经刮净。左边的通道稍后关闭，奶牛可以通过蹄浴池走回来采食新鲜饲料

当奶牛离开牛棚去挤奶时，应刮净粪道，蹄浴池放满浴蹄液，奶牛很快就会知道它们必须穿过蹄浴池才能回到采食区。另一种方法是，每天带干奶期奶牛和预产青年牛去挤奶厅1次，乳头药浴，然后在回来的路上经过蹄浴池。这样可以减少产犊前后乳房炎和蹄皮炎的发生，并且当新产头胎牛转入泌乳牛群后更容易去挤奶厅挤奶。

后备牛场或肉牛场，可以在水槽旁设置蹄浴池。可简单使用一个前部带水槽的卧床位改建为蹄浴池（图5.100），奶牛、后备牛和肉牛会很快学会如何在喝水的时候进出蹄浴池。

### 浴蹄液

与乳头药浴一样，使用方法、使用频率和环境清洁度比所用药品的性质更重要。每种浴蹄液都有其优缺点。福尔马林是40%甲醛溶液，价格低廉且能在环境中迅速降解，但使用时有刺激性气味，作为一种潜在的致癌物在许多国家已禁用。使用时稀释成4%～5%福尔马林溶液，即每100升浴蹄液中含4～5升福尔马林。浓度过高时，奶牛可能因为气味刺激而不愿意通过蹄浴池，且有皮肤灼伤的风险，特别是在炎热的天气。尽管气味和适口性常可避免奶牛饮用，但也有奶牛浴蹄时因喝了甲醛溶液致死的报道。如果使用福尔马林溶液浴蹄，蹄浴池应远离挤奶厅，确保挤奶工在挤奶厅里不会闻到福尔马林的味道。

图5.100 在这个牛场里，用1个卧床位改建了1个蹄浴池。水槽在前部，这样牛每次去喝水都会进行浴蹄

硫酸铜溶液（浓度4%～5%，但有时高达10%）使用更方便，但也更贵，并且在环境中不降解。在北美部分地区，硫酸铜使用广泛，导致土壤中铜含量过高，作物生长受阻。由于奶牛铜中毒问题（导致突然死亡）也日益增加，浴蹄后的硫酸铜溶液不能简单地排放到牧场的排水系统中。

硫酸锌、有机酸和消毒剂（如戊二醛和过氧乙酸）也有效。有许多专利产品可用，每个都有其特性，但我建议在使用前查询一下是否有良好的长期试验验证该产品的有效性。

福尔马林（以及大多数消毒剂）的活性受温度影响大。温水浴蹄（15℃）更有效。对于大多数牛场来说，浴蹄液很快就会污染，最好每天更换。一项研究表明，平均320头奶牛通过蹄浴池后，4%福尔马林浴蹄液浓度降低50%以上。在这项研究中，要求牧场工作人员将浴蹄液配成4%浓度。然而，检测浴蹄液浓度时发现，实际浴蹄液浓度为1.0%～9.0%。因此，重要的是要检查配制方法。极高浓度的福尔马林溶液会导致蹄缘背侧皮肤的灼伤，夏天似乎风险更大，也许是因为夏季蹄部更干净。然而，灼伤仅见于皮肤表层，如果福尔马林浓度恢复到可接受水平，很快就会愈合。

一些牧场已经使用清洗管道后的清洁剂并取得了一定效果，或许可以使用清洁剂浴蹄3天，再使用福尔马林或其他化学药品浴蹄4天，这种方法已在实践中证实。清洗管道时，清洗剂循环5～7分钟后，将用后的清洗剂放入蹄浴池（而不是让它们直接浪费掉）。尽管消毒剂会被粪便迅速中和，但被污染的浴蹄液也具有洗涤（用于清洁）和消毒的效果。这种做法可用于低风险牧场，但如果环境风险很高，则需要更强的消毒剂。

海绵橡胶垫是浴蹄的另一种方式，其优点是可以更容易地移动位置，并且奶牛可以轻易地从上面走过。当奶牛站在垫子上时，垫子内部的液体化学物质开始在蹄周围形成一个水洼，这起到浴蹄的作用。该法易于使用，但它不能像标准的浴蹄那样有效。当牛蹄在垫子上造成的下陷开始充满浴蹄液时，奶牛开始移动到下一步。因此，蹄部无法得到像标准蹄浴池那样有效的浸泡。然而，如果垫子放置在蹄浴池的底部并且被70～80毫米的溶液覆盖，那么这将是有益的，因为垫子增加了奶牛蹄部的舒适度。

已经尝试过一种消毒剂发泡设施，使奶牛在挤奶厅入口处穿过泡沫（图5.101），但收效甚微。泡沫消毒可以作为有效的预防手段（20），但对已有的病变作用有限。

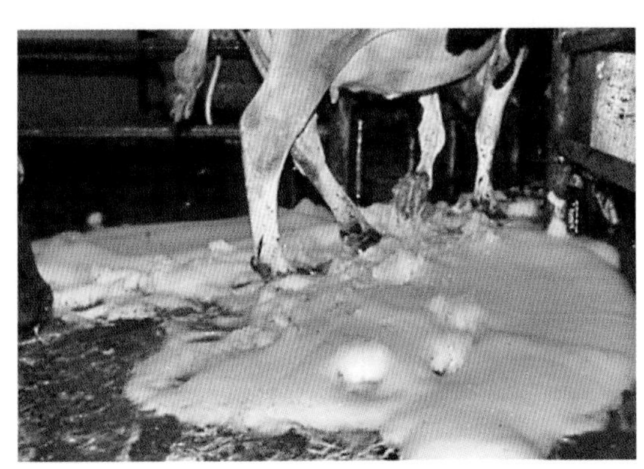

图5.101　挤奶厅的入口处可以使用泡沫消毒剂

因此，有效浴蹄的要点总结如下：

• 通过浴蹄来防止感染的发生。一旦感染形成就迟了，因为病原深入真皮后很难清除。

• 抗生素只能用于治疗，如开放性溃疡（M2期）高发期时使用。预防性浴蹄（防控蹄病）的主要工作应是定期消毒，以防止病变的出现。

• 尽早开始浴蹄，如在干奶期，以防止病情加重。

• 如果后备牛已发蹄皮炎，就应该对后备牛进行浴蹄，可以在水槽边放置蹄浴池，因为感染的后备牛患蹄皮炎的风险是泌乳奶牛的4倍。

• 经常浴蹄，如每天使用消毒剂浴蹄。

• 将蹄浴池设置在奶牛必经的通道上，并且远离挤奶厅出口，保证至少有一列奶牛能通过，这样就不会影响挤奶过程的牛群流动。

• 确保蹄浴池底面坚固、舒适，以提高奶牛的通过速度。避免使用底部有脊状凸起的蹄浴池。

• 蹄浴池应易于每天的排空和清洗，浴蹄液用量大约为1.0升/（头·次）。

• 浴蹄后的奶牛应通过清理干净的混凝土通道，然后再回到干净的卧床区。

• 双列宽度的蹄浴池可提高牛的流动速度，减少蹄浴池入口处牛的无序运动。

• 对预洗池的作用，观点不统一。

## 泥浆热

当暴露于寒冷、潮湿和泥泞的条件下时，牛群会出现泥浆热。可累及1肢或多肢，最初的症状是蹄冠上部轻微肿胀，从蹄部上方一直延伸到球节。皮肤增厚，被毛结痂。随后发生脱毛，皮肤裸露，如图5.102所示。更为严重的病牛，可能会出现皮肤开裂，产生一个出血性溃疡区域，如图5.103所示。

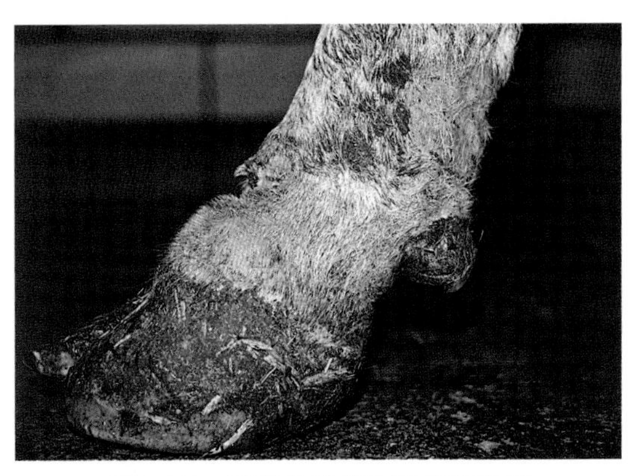

图5.102　泥浆热的损伤延伸到腿部

跛行不严重。即使是多个蹄同时发病，跛行也不严重。发病奶牛可能会站着抖动蹄，这表明泥浆热会引起过敏或严重瘙痒。

治疗方法是，尽可能将奶牛圈在舍内，或至少将它们转移到干燥的环境中，洗掉腿上结块的污物，干燥后涂上一层油性防腐剂。乳头药浴液或含有高浓度润肤成分的喷剂都有效。由于可能会感染刚果嗜皮菌，连续3天注射抗生素（如青霉素和链霉素）也可能有效。

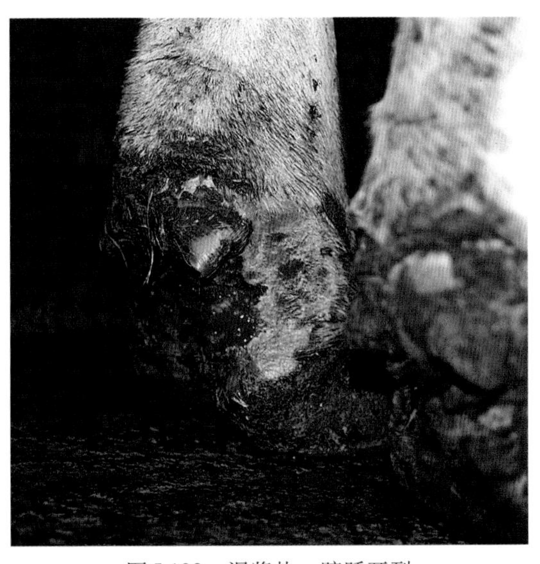

图5.103 泥浆热：蹄踵开裂

## 蹄踵糜烂或泥浆踵

第三章阐述了保持蹄踵完整的重要性，正常的蹄踵高度对负重和维持蹄稳定性都很重要。舍饲奶牛在潮湿、腐蚀性的泥浆中长期站立，正常光滑、完整的蹄踵角质会受到侵蚀，形成凹凸不平的角质，并可能完全磨损。图5.104为蹄踵糜烂的早期表现，而图5.86中患有蹄皮炎的奶牛影响更为严重。蹄

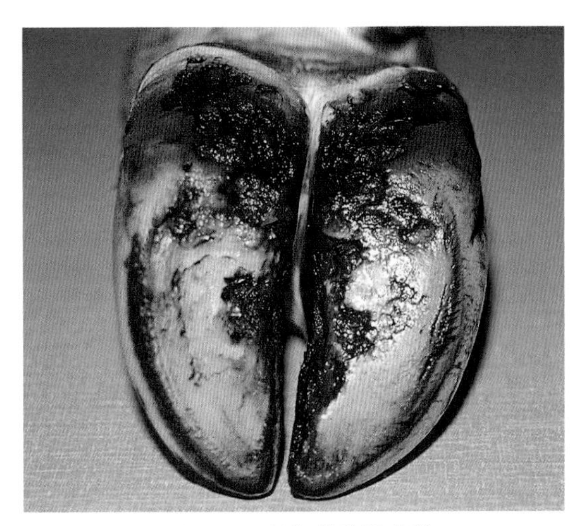

图5.104 早期的蹄踵糜烂

皮炎通常会导致蹄踵呈“洋葱圈”状，表现为明显的蹄踵水平脊状糜烂。图5.86的左侧蹄踵可以看到这种表现。

蹄踵糜烂的整体表现是使蹄骨上翘，蹄骨旋转对其后缘和蹄底之间的真皮造成挤压，从而导致疼痛、跛行，并可能形成蹄底溃疡。图5.30显示了这种变化，在图3.17中也有提及。

一些修蹄工修蹄时削除了蹄踵部凸起的角质。然而，由于蹄踵对负重极其重要，我更倾向于只有蹄踵发生严重的角质分离，或者蹄踵糜烂发展到蹄骨后缘表现为蹄踵角质凹陷时（如图5.30所示），才可修整蹄踵。注意图5.30中蹄底角质在A处被蹄骨挤压成锯齿状的表现，而在B处严重的蹄踵糜烂造成角质缺损。

预防蹄踵糜烂的方法是卫生控制，如定期用消毒液浴蹄，注意环境卫生，特别是清除粪污和保持蹄部清洁和干燥。

卧床撒石灰可降低乳房炎发病率，可能也会减少蹄踵糜烂，提供充足的垫料也是一

样。如果添加足够的垫料，总是有少量垫料掉落在卧床通道中（图6.13），这将有助于保持牛蹄干燥，尤其是当牛经常两前肢站在卧床上、两后肢站在卧床外时。阶段性放牧或饲养在铺垫了秸秆的运动场中，有助于蹄踵恢复，并迎接下一个舍饲期的冲击。

## 与跛行有关的其他疾病

本节讨论可能导致跛行的其他疾病，如飞节损伤、肋骨骨折和髂骨翼骨折。

### 飞节损伤

在挤奶厅里可以很容易进行快速地飞节损伤评分，可将此项工作作为挤奶厅监控的一部分。飞节损伤评分方法为，飞节磨损面积超过50便士硬币大小（译者注：50便士硬币直径约30毫米），或存在出血或肿胀，即为阳性。图5.105显示了早期飞节磨损问题，局部脱毛和早期结痂的形成。继发性蹄皮炎等开放性病变会延缓愈合。图5.106中的奶牛飞节上方脱毛，膝关节和髂骨外侧有小擦伤，患牛似乎适应不了现有的环境。

飞节损伤是卧床舒适度不佳的一个标志。一项研究（122a）显示，飞节损伤的增加与跛行增多之间存在明显的相关性。对3 691头奶牛进行了飞节损伤评分，只有20%的奶牛飞节没有脱毛，17%的奶牛飞节出现飞节损伤。如第六章所讨论的，橡胶垫上的锯末垫料是主要的风险因素，可能是因为锯末在硬质表面上有磨损作用。与跛行相关，可能是因为飞节损伤与卧床不适有关，而这增加了奶牛的站立时间，和/或因为跛行的奶牛起卧更困难。如果损伤持续且严重，可能会出现非常大的肿胀，如图6.9所示。有问题的奶牛应转至铺垫了秸秆的运动场或放牧草场，以避免进一步的创伤。病初的肿胀是黏液囊炎，像女佣的膝盖，而不是脓肿，因此，最好不要切开引流。

一些奶牛飞节内侧可见糜烂性病灶（图5.107），这是卧床不适的另一种迹象，是由于躺卧的奶牛通过卧床后沿将腿伸到通道上造成的。

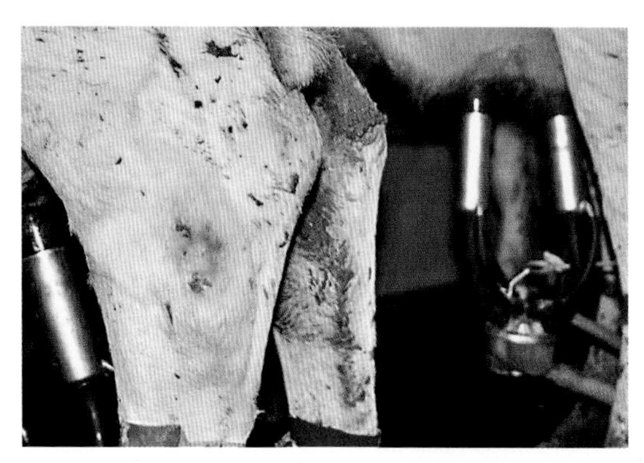

图5.105　飞节磨损，典型部位出现脱毛。这与卧床舒适度不佳有关，可能是卧床垫料不足或不适造成的

图5.106　这头牛飞节上方脱毛，膝关节和髂骨外侧皮肤有小的擦伤

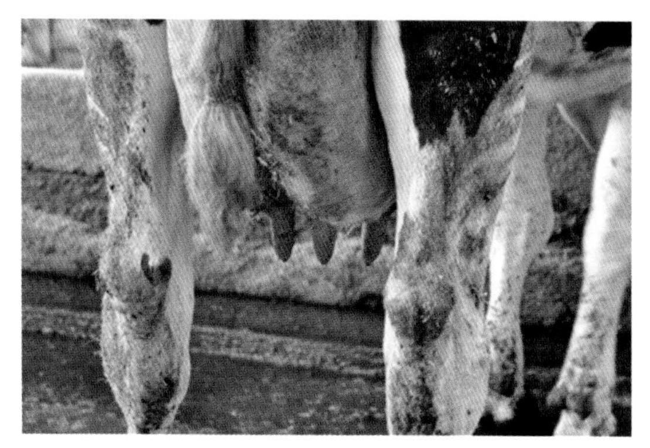

图5.107　飞节内侧（左腿）疮是由于奶牛将腿放到卧床后沿上，伸到通道上造成的

## 肋骨骨折和肿胀

跛行牛肋骨和肋软骨间的关节周围经常可见肿胀。图5.108为1个典型病例。肿胀（图中的R）意味着出现肋骨骨折，通常位于第7肋到第9肋间，大约距肘头后方一掌的位置（123，145）。图5.109中，同一头母牛的X线片显示，左侧为正常的肋软骨关节，图片中心位置有2个关节处骨折，图片从右向左肋骨软骨部分有3处骨折。

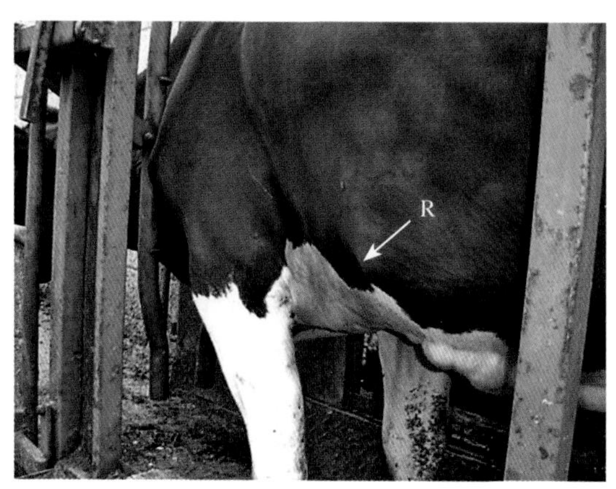


图5.108　肋骨和肋软骨连接处（肋软骨关节）的肿胀（R）在跛行奶牛中很常见，可能是由于奶牛在坚硬的地面上摔倒造成的

部分基于我们在格洛斯特地区兽医工作的两项研究都发现（123，145），大约15%的成年泌乳牛有这类问题，并与跛行和年龄显著相关。事实上，在一项研究中，几乎50%的步态评分为3分的奶牛有明显的肋骨肿胀。任何患过肋骨骨折的人都知道这是一种痛苦的状况，所以，一些受影响的奶牛弓背行走也就不足为奇了！在所有奶牛中，这一比例高达15%，显然代表着一个严重的福利问题。

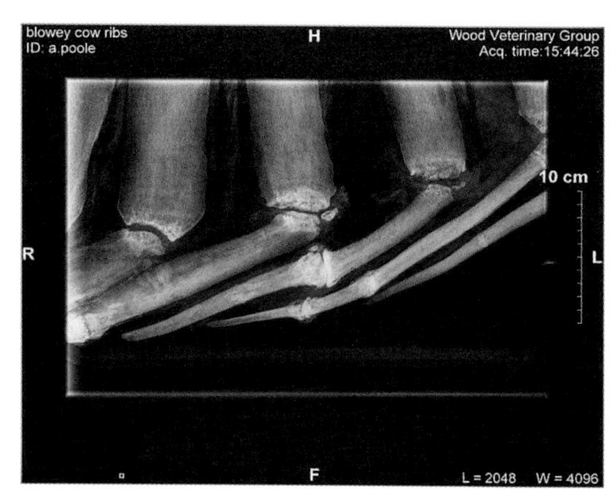


图5.109　同一头牛的X线片。请注意左侧肋软骨关节正常，其余全部骨折。这一定很痛

## 髂骨翼骨折

由于躺卧和起立都很笨重，跛行奶牛更容易发生骨盆骨折，尽管这些骨折也可能是由于母牛在坚硬的地面上摔倒造成的，如地面很滑和/或粗暴对待奶牛时。在某些情况下，髂骨翼骨折为非开放性的，但有时皮肤破损，髂骨翼骨折断端突出，如图5.110所示。皮肤无法在骨头突出的情况下愈合，因此，我们采用局部麻醉，彻底清洁创口，然后用蹄剪或类似的工具剪掉突出的骨碎

片。令人惊讶的是，愈合速度极快。其他骨盆骨折，如与产犊损伤相关的，在其他章节讨论。

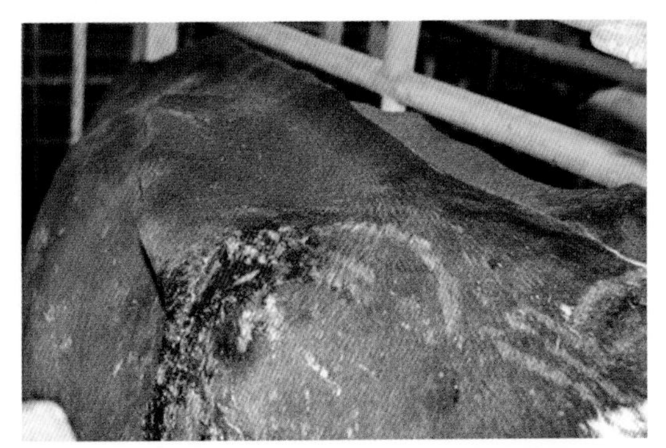

图5.110 从牛身上突出的骨碎片为骨折的髂骨翼。除非切除突出的骨碎片，否则，皮肤将无法重新生长并愈合

# 第六章

# 跛行的病因和预防

在第二章中，已对蹄真皮炎/蹄叶炎提出了以下概念的区别：

发病机制 = 导致蹄底溃疡和白线病的蹄内变化。

病因学 = 导致上述蹄病发生的现场管理因素。

本章针对病因学，探讨牧场中导致跛行高发的风险。在阅读本章前，应已通读第二章“蹄真皮炎/蹄叶炎与蹄病的发病机制”，了解相关疾病的各种病因。

跛行高发的牧场，一般不会由单一的风险因素所致。跛行是一种多因素疾病，换言之，很多风险因素都能影响蹄的健康状态。有时候，单一风险因素不会引起跛行。但多种因素协同作用时，则会引发严重的蹄病。

有些可以导致奶牛跛行的因素难以避免。主要有：

• 产犊导致蹄骨活动性增加，造成蹄底及白线出血（50，69，94）和白线变得脆弱（69）。

• 由于挤奶、采食、饮水、转群等原因在混凝土地面上站立时间过长（31）。

• 产奶量高（3，49）。

• 采食量过大（38）。

但在生产中可通过人为改善这些影响因素以确保蹄角质生成正常，继而使上述影响最小。

虽然营养、环境、饲养管理和毒素等均为公认的可诱发跛行的独立因素，但重要的是，我们一定要意识到这些因素往往会同时存在。奶牛产犊是一个非常重要的主要因素，使真皮变得脆弱，继而使其对营养和环境等因素更加敏感。这在下文中会详细讨论。

本章中，尽管“蹄叶炎”一词广泛用于蹄底（此处为乳头真皮，但无小叶真皮）病变和白线（既非乳头真皮，也非小叶真皮）病变，但正如第二章所述，用“蹄真皮炎”一词表述更为恰当。关于蹄底损伤的描述可参考其他章节（25，76，91）。

蹄真皮一旦发生蹄真皮炎/蹄叶炎，则很难完全恢复。微观变化，如纤维化、血管阻塞及其他影响真皮生成健康蹄壳角质能力的病变，常不可逆（70）。这很可能就是为何真皮损伤常会导致蹄部健康状况不佳，且奶牛表现长期跛行的原因。患牛长期表现为变形蹄，需要频繁修蹄，以重建蹄形和负重面。此外，还可见蹄骨的慢性损伤（96），如蹄骨底面生成骨疣（图5.31），骨疣可使奶牛在运步时倍感不适，导致真皮损伤加剧。因此，对于跛行，就像许多其他疾病一样，预防至关重要。

## 病变概述

因为影响跛行的因素较多，很难对这些因素进行详细讨论，且很难厘清各种因素之间的关系。为了便于理解，本章首先罗列出作者认为影响跛行的几个重要因素，而后对这些因素进行详解和梳理，最后在本章结尾归纳要点。影响跛行的主要因素如下：

- 产犊。
- 体重下降过快，尤其是在产犊前后。
- 日粮。
- 站立时间过长。
- 地面潮湿、泥泞。
- 对牛处理粗放。

图6-1为津巴布韦南部布拉瓦的1头13岁龄奶牛。在它13年的生活中，一直在1个5 000英亩*的草原上放牧，并定期产犊。13年间并未受到外源性应激。然而，牛角上清晰地显示了6个环形痕迹，每次产犊1个。产犊时，角质生成速度明显减慢，尤其是在其初次产犊时，蹄壳磨损更为明显。最终结果就是蹄底变得更薄，有时导致跛行。

蹄底厚度 = 生长速度 − 磨损速度

奶牛产犊后蹄壳磨损过快，主要因为：

• 等待挤奶时站立时间过长：经常是刚产完犊的头胎牛（或跛行牛）最后进入挤奶厅，导致其等待挤奶时站立时间最长。

• 采食前站立等待时间过长：刚产完犊的头胎牛通常需要等待同群其他奶牛采食完后才有机会采食，采食空间不足的牧场尤为明显。

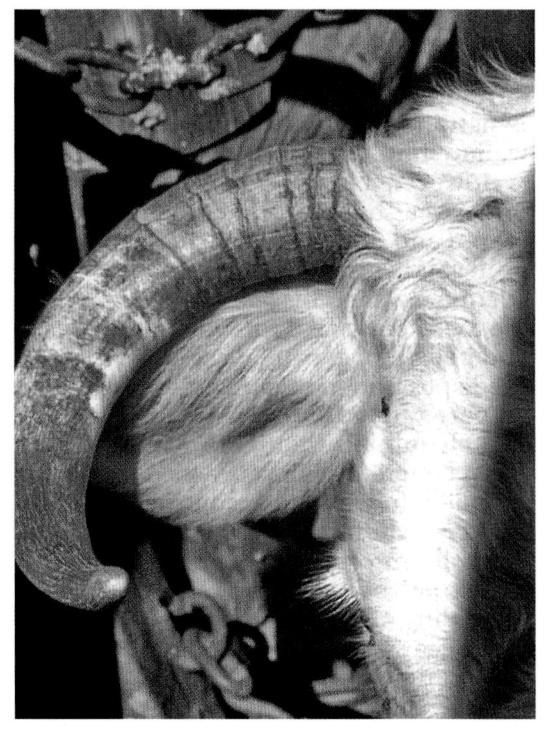

图6.1　牛角上的角轮是由于在产犊的时候角质生成过程遭到破坏而形成的。同样的变化也见于蹄部

• 在混凝土地面上站立：很多头胎牛对于这种地面还未完全适应。

• 由于不能找到空的卧床导致被迫站立时间过长，还有的牧场青年牛产前从未使用过卧床，导致头胎牛没有学会使用卧床。

• 在建立牛群秩序的过程中，奶牛在未确定其在牛群中的地位前常保持站立状态。当头胎牛产犊后混入经产牛群时尤为重要。

上述所有可使站立时间延长的情况均发生在蹄角质生成能力最弱的时期，最终导致蹄底变薄，更易发生真皮挫伤。同时，蹄骨

* 英亩在我国被列为非法定计量单位，1英亩≈4 046.86米$^2$。

在蹄壳内的活动性增加，指（趾）枕变薄，以及日粮由高粗料日粮变为高精料日粮，这些原因都进一步影响了蹄真皮的正常功能。尽管此时我们不会发现蹄形的变化，但蹄真皮已经发生病变，2～3个月后奶牛就会出现跛行。此外，站立时间延长意味着牛蹄接触粪污的时间增加，使发生感染性疾病的风险升高，如指（趾）间皮炎和腐蹄病的发病率升高。从图6.2中可见到跛行的典型变化，图6.2是对1 109头牛在不同泌乳月的跛行数量统计图。从图中可见，第1个泌乳月表现跛行的奶牛有22头，第2个泌乳月有50头，第3个泌乳月有近60头。有些读者可能认为第3个泌乳月跛行率升高是由于此时奶牛达到了泌乳高峰和公牛爬跨造成的，这可能是造成跛行率升高的原因之一。但产犊应激及蹄部的变化可能是至关重要的原因。

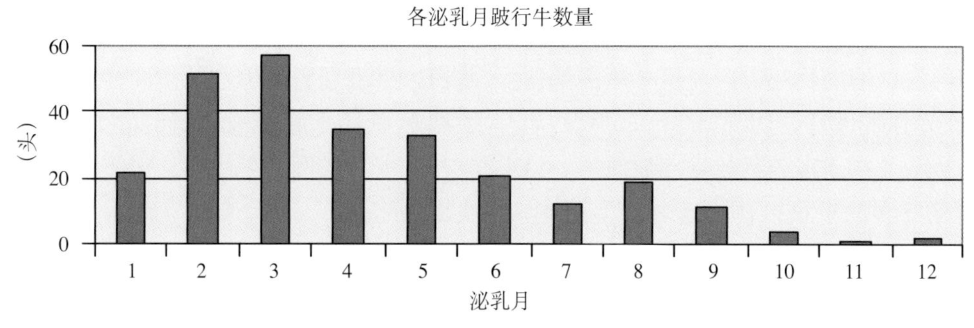


图6.2　跛行发病特征。本图显示了奶牛产犊后跛行数量的变化情况，在第2～3个泌乳月跛行牛最多。蹄底约10毫米厚，角质生成速度为每个月5毫米，表明病变发生于产犊时（22）

下文将深入讨论相关因素，包括：

- 产犊时的变化。
- 转群。
- 营养因素。
- 环境因素，站立和躺卧时间。
- 卧床设计和尺寸。
- 卧床垫料。
- 牛舍设计。
- 管理因素。
- 通道和放牧牛群。
- 蹄壳磨损过度。
- 蹄壳磨损不足。
- 干奶期奶牛管理。
- 毒素、配种、浴蹄和修蹄。

## 产犊时的变化

很多学者对产犊与蹄底出血和其他可影响蹄真皮炎/蹄叶炎的因素之间的相关性进行了描述（50，69，76），跛行常发于产犊后最初的几个月（22, 89）。虽然其确切原因尚不明确，但角轮的形成表明产犊时角质生成过程受阻。产犊对蹄部造成的最大影响是角质生成减少并使蹄骨的活动性增加。这对头胎牛的影响尤为重要，因为其指（趾）枕尚未发育完全，使蹄真皮受到直接压迫的风险增加。

### ■ *角质生成减少*

图6.1清晰地展示了这一状况。尽管图中的奶牛已经13岁龄，但仅产犊6胎，因

此，其角上有6个角轮。如果观察公牛的角，除非其曾罹患重病，否则不会在角上发现角轮。角质生成受阻这一现象也可见于蹄部，这表明奶牛产犊时蹄真皮非常脆弱并易发生挫伤。当然，在此阶段奶牛还受到很多其他应激因素的影响，如突然转换成“酸中毒型”日粮，或者转群至散栏式牛舍中（可能不适），或者转入新的或更大的牛群中，这些都是影响奶牛蹄部健康的重要因素。

产犊时角质生成受阻的原因尚不清楚。在产犊时，血液中触珠蛋白（又称结合珠蛋白）和其他急性期反应蛋白（这些蛋白都是炎症反应的标识物）的水平上升，产犊的启动信号是胎儿在子宫内释放糖皮质激素。给马注射糖皮质激素可以诱发蹄叶炎，因此，胎儿释放糖皮质激素使之在母体血液中水平升高可能是一个重要因素。

另一种理论认为，角质生成受阻与泌乳启动过程而非产犊过程有关。含硫氨基酸，如半胱氨酸和蛋氨酸，在角蛋白形成（见第二章）和乳汁生成过程中都是重要原料。泌乳突然启动，由于含硫氨基酸大量用于泌乳而使用于角质生成的数量减少，导致表现为短期角质生成不良。在奶牛产犊前后，血清蛋白（白蛋白和球蛋白）含量也下降。这是导致乳房和腹下发生皮下水肿（体液蓄积）的重要原因之一：相同的变化可能发生于蹄部，如第二章所述，蹄部血液瘀滞导致组织缺氧和角质生成不良。

■ *蹄骨的活动性增加*

如第二章图2.22和图2.23所示，蹄骨后缘位于指（趾）枕内的3个脂肪垫之上，由蹄骨相关的悬韧带支撑。在产犊前2周，松弛素和蹄酶（hoofase）的水平开始升高（94）。这激活了金属基质蛋白酶（MMPs），导致蹄骨前缘的支持结构受到影响（图2.37），使蹄骨悬韧带松弛，导致蹄骨在蹄壳内的活动性增加。这使蹄真皮受损的风险增大，尤其是头胎牛，因其指（趾）枕还未发育完全。

悬韧带松弛状态约从产前2周持续至产后2周，因此，这一时期奶牛蹄部对损伤尤为敏感。

■ *血液循环不良和体液蓄积*

产犊前后，血液循环的变化常导致体液蓄积，常表现为乳房水肿。同样，体液瘀滞的状况也见于蹄真皮，导致生成的角质较软，严重的病例可见出血、角质分离和蹄底溃疡。

在头胎牛，这种情况尤为明显，特别是对那些产犊前2周至产犊后2周长时间站立的牛（65）。这一阶段，体液在蹄真皮中的蓄积对发病的影响尤为重要。站立时间的影响在本章后文中会详细论述。

适当活动有助于维持蹄部血液循环。应确保一定不要将临产奶牛完全限制在产房中，即使是病牛，也要想办法促使它们多运动。当然，这并不等于将它们重新转回牛群，因为在牛群内奶牛需面对采食竞争并确定在牛群中的地位。

### 转群

美国的一项研究发现，当奶牛在产犊时从1个牛群转到另1个牛群后，它们平均每小时受到10次攻击。这些攻击行为一半是有身体接触的，如用头撞击等，而另一半则是来自同群地位较高奶牛的恐吓行为。虽然详情不得而知，但奶牛在转群后的最初几天内会每天遭受约240次攻击，同时因蹄骨的活动性增加，这无疑也是导致蹄真皮损伤的一个重要原因。

不仅产犊，管理和饲喂的改变也很重要。例如，在一项试验中，将10头阉牛与10头相同年龄段的怀孕青年牛在相同环境、饲料条件下饲养、管理。当青年牛产犊后，它们转至泌乳牛群并采食泌乳牛日粮。阉牛在同期也做了相应的改变。结果发现，两组差异仅为青年牛产犊而阉牛没有经历产犊过程！无论是阉牛组还是青年牛组都发现了蹄底出血，但青年牛的蹄底出血更为严重。这表明除了产犊外，环境和营养可能也是重要因素。

很多牧场管理人员将产后4～6周的头胎牛的运动场上铺垫褥草或单独组群饲养，试图通过这种方式减小应激（43）。这将：

• 降低跛行率，因为躺卧时间增加使这一阶段奶牛脆弱的蹄真皮受损概率下降。

• 增加产奶量，因为头胎牛的舒适度增加、受到的应激较少，还可能由于采食竞争不那么激烈。

• 当青年牛从有运动场的饲养环境转至散栏式牛舍时，改善头胎牛对卧床的适应性。这也许是目前的饲养方式中最让人惊讶的方面，但也可能强调了一个事实，即产犊对奶牛的应激远比我们想象的更严重。

一项研究（164）对比了16头头胎牛从产前4周至产后8周饲养于有褥草的运动场中，然后转至散栏式牛舍饲养；另一组头胎牛（16头）一直饲养于散栏式牛舍内。在产后12周时，第一组头胎牛的蹄底出血评分比第二组低6倍，且无蹄底溃疡病例；第二组头胎牛中有6头（共16头）发生蹄底溃疡。瑞典的一项研究，对比了产犊时将牛从柔软的地面转至坚硬的地面饲养和从坚硬的地面转至柔软的地面饲养，也发现了类似的结果（165）。另一种方法是在头胎牛转群前在牛背上浇泼苹果醋，然后再转入泌乳牛群，也可以在夜间转群。

## 营养因素

虽然营养因素曾被认为是蹄病的重要诱因，但近年来对其（尤其是瘤胃酸中毒）作为主要影响因素的关注度逐渐下降。众所周知，跛行牛中约80%由蹄病所致，蹄病牛中80%为后蹄发病，80%发于后肢外侧趾。如果由于营养因素所致，很难解释为什么仅后肢外侧趾高发蹄病，因此，貌似营养因素对蹄病的发生、发展有影响，但并非主要因素。

甚至亚急性瘤胃酸中毒（SARA）定义的标准也已下调。过去的SARA定义为每天瘤胃pH低于5.5时间达3小时；近期的一篇综述将其定义更改为每天瘤胃pH低于4.8的时间达3小时（127）。毫无疑问，瘤胃pH下降可导致瘤胃内乳酸含量升高、钾含量升高、挥发性脂肪酸（VFA）含量降低和瘤胃蠕动性降低，但其对蹄部的影响的证据并不充分。在新西兰，放牧奶牛日产奶量达到30升且其瘤胃pH在一天中可降至4.5以下的情况很常见，因此，有一种观点（127）认为这是正常的表现，对跛行没有影响。随着饲料中精饲料比例的提高，以及由此所致发生瘤胃酸中毒的风险升高，产奶量也随之增加，许多研究表明产奶量增加与跛行呈正相关。然而，有些研究人员仍然认为瘤胃酸中毒对跛行有直接影响，这部分内容我们将会在后面讨论。

淀粉由瘤胃微生物发酵生成乳酸，瘤胃pH由正常的6.5降至6.0或5.5时，称为瘤胃酸中毒，有时也称为亚急性瘤胃酸中毒（简称SARA）。过量的乳酸可转化为丙酸，进一步转化为葡萄糖；然而，如果乳酸含量过高，可以直接进入瘤胃壁的血管内。少量乳酸可被血液中的碳酸氢根缓冲，随着血液中乳酸含量越来越高，会继发代谢性酸中毒，表明血液转为酸性（而瘤胃酸中毒变化仅限于瘤胃）。代谢性酸中毒造成的变化可影响蹄真皮。

专业术语——亚急性瘤胃酸中毒（SARA），常用于描述与高淀粉日粮相关的变化。理想日粮配方的精料：粗料比例不应超过60 ：40。即使在这一比例，也可能出现问题，尤其是在精料淀粉含量高或者青贮饲料过碎、使用纤维含量较低的优质青贮时，使日粮内中性洗涤纤维（NDF）的总量不足40%。

这类日粮一般可以通过在全混合日粮（TMR）中添加1～2千克秸秆饲料（或干草）来改善，或让奶牛自由采食亦可。在自由采食情况下，新产牛能够吃多少秸秆饲料或干草不得而知；但不可否认的是，干的纤维性饲料比湿的粗饲料（如青贮），能够更好地刺激唾液分泌和反刍。也可用长纤维的裹包青贮，提高全株玉米青贮的纤维长度也是一种解决方案。我承认饲喂干草或秸秆饲料会降低日粮能量浓度，并导致采食量下降，这需在生产中考虑如何平衡增加粗饲料饲喂量和发生瘤胃酸中毒之间对牛群的影响；瘤胃酸中毒可导致瘤胃迟缓（瘤胃蠕动减弱），继而使干物质采食量下降。

其他可导致亚临床瘤胃酸中毒的因素还有挑食，如过量采食全混合日粮中的精料（多由全混合日粮搅拌不匀所致），或者由于全混合日粮制作过程中搅拌时间过长，导致全混合日粮纤维长度过短。过度搅拌的影响与饲喂设备的类型有关。

在饲喂过程中，一个很严重的错误是空槽，使奶牛处于饥饿状态。当投料时，奶牛可能会采食过量（常称为“不定时投料”），发生瘤胃酸中毒。因此，一天内多次投料，或者增加投料次数，可提高奶牛的采食量。现在，可使用全混合日粮自动饲喂设备来实现这一目的。

发生瘤胃酸中毒的奶牛，常会因严重程度的差异表现出不同临床症状。包括：

- 采食量下降（伴发于瘤胃蠕动性减弱）。
- 产奶量降低。
- 乳脂率低，脂蛋比发生变化。
- 粪便稀软，常呈黄色或绿色，有酸味（图6.3）。
- 被毛潮湿，缠结（图6.4）。
- 呼吸急促（机体试图通过呼气排出过量的酸）。
- 逆呕出反刍的食团（图6.5）。
- 后躯清洁度很差，可能是因为尿液呈酸性，刺激患牛不断甩动尾巴所致。
- 瘤胃不完全或者完全迟缓（瘤胃不蠕动），导致采食量下降，继而使产奶量下降，并影响繁殖性能。

产犊后，奶牛食欲减退、精料摄入量增多使粗饲料摄入量进一步减少，发生瘤胃酸中毒的风险随即升高。泌乳前期日粮与干奶后期日粮差异较大（主要表现在精料比例增大），此时奶牛摄入更多的精饲料并使粗饲

图6.3　粪便稀软是瘤胃酸中毒时的常见表现

图6.4　瘤胃酸中毒：患牛被毛缠结。图中的头胎牛腹部紧张，腹围较小，表明其处于腹泻状态

图6.5　逆呕出反刍的食团是瘤胃酸中毒的进一步表现

料的摄入量下降。研究表明，在茂盛的草地上放牧也可导致瘤胃酸中毒，尤其是奶牛采食淀粉含量很高的牧草时。

饲喂频率也会影响瘤胃酸中毒的发生。当每天挤奶2次时，挤奶厅中的精料投喂量应该限制在8～10千克/天，如每次饲喂的最大量为5千克，最好能控制在4千克以内。已经证实，若在挤奶厅中每天投喂的精料（尤其是高淀粉精料）超过12千克，蹄真皮炎/蹄叶炎的发病风险大大增加。

无论通过饲喂全混合日粮还是在奶厅外补饲1～2次精料的方式，最好让奶牛在1天内的任何时段采食到的精料量相同。但即使饲喂全混合日粮，也可能会发生瘤胃酸中毒。如全混合日粮搅拌过度，日粮中的纤维过短，会导致瘤胃酸中毒。相反，如果纤维的长度过长，或者搅拌不均匀，奶牛很容易挑食，从而摄入精料过多并将粗饲料剩下，也会导致瘤胃酸中毒。

### ■ *日粮中的脂肪*

避免日粮中脂肪含量过高。当日粮中的脂肪含量超过总干物质的5%时，因为瘤胃微生物和纤维会被脂肪包裹，继而抑制粗饲料的消化率并使瘤胃发酵功能下降，造成继发性瘤胃酸中毒。当不饱和脂肪酸（PUFAs）摄入量过高时，如椰子粕或半熟土豆粕，可导致严重的瘤胃酸中毒，严重者可致死。

### ■ *产犊时的日粮变化*

日粮的突然改变是一个风险因素，尤其是从低精料日粮向高精料日粮转化，常见于产犊时。理想状态下，奶牛在产前应该先饲喂一段时间混有部分新产牛日粮的高纤维过渡日粮（使瘤胃微生物适应），产犊后逐渐转换到新产牛日粮，直至泌乳3～6周时，使精料占比达到最高。

奶牛产犊后不要过度饲喂。采食量过高仅能增加产奶量，但产奶量更高的奶牛也更易发蹄病。相反，如果采食量不足或存在其他健康问题，可导致奶牛在泌乳前期体重下降，指（趾）枕受到破坏，也会导致其易发蹄病。有些牧场会给新产牛饲喂低产牛日粮1～2周，直至其平缓渡过产犊期应激。还有些牧场会给新产牛补饲干草（图6.6）。在产犊前后，奶牛的反刍次数会自然下降。饲喂长纤维日粮，如秸秆或干草，是刺激奶牛产后反刍的最佳方法之一。产犊前后，精心饲喂奶牛可有效降低代谢病的发病率，如胎衣不下、子宫炎、乳房炎和产乳热，这些疾病都对病后期表现出的跛行有一定影响。

使用单一配方饲喂一度十分流行，无论产奶量高低，均给奶牛按最高精料量饲喂（一般可达每天7～9千克）。在有些牧场，可通过限制精料采食量降低产后代谢病的发病率。但在挤奶厅外补饲精料的一些牧场，干奶期使用全粗饲料日粮并在奶牛产后直接转为饲喂高产奶牛日粮，单一配方饲喂可能产生相反的效果，这可以解释为什么一些研究（103）表明单一配方饲喂的牛群跛行率增加。

图6.6 给新产牛饲喂干草可降低发生瘤胃酸中毒的风险

大量针对饲喂对跛行影响的试验得到了矛盾的结果。例如，一项研究（68）比较了2组奶牛，其中一组（A）饲喂高纤维日粮，另一组（B）饲喂低纤维高精料日粮（表6.1）。2种日粮粗蛋白（CP）含量相近，并且每日摄入的能量水平（兆焦耳/千克）相似，高纤维日粮达到相同的能量水平需要更高的干物质采食量。B组奶牛的蹄真皮炎/蹄叶炎和蹄底溃疡发病率均较高。虽然都进行了常规修蹄，B组牛仍表现出蹄底角质过度生长比例较高的结果。在该试验中，产前饲喂没有影响。相似的结果也见于另一时长持续超过2个泌乳期的试验报道（83）。

表6.1 饲喂高纤维和低纤维日粮对蹄真皮炎／蹄叶炎和蹄底溃疡的影响（68）

| | 日粮组成 | | 蹄病 | |
|---|---|---|---|---|
| | ME（兆焦／千克） | CP（克／千克） | 临床型蹄真皮炎／蹄叶炎 | 蹄底溃疡 |
| A组：饲喂高纤维日粮 | 10.8 | 158 | 2(8%) | 2(8%) |
| B组：饲喂低纤维日粮 | 11.1 | 157 | 17(68%) | 16(64%) |

注：A组26头奶牛，B组25头奶牛。

译者注：ME，代谢能；CP，粗蛋白。

相反，另有报道（78），尽管采食过量可使有些奶牛几天内即可表现出临床症状，但短期采食过量对于蹄病的发病率影响不显著。这项研究发现，产犊和产后转入散栏式牛舍比短期采食过量对蹄底出血和其他蹄病的影响更大。

因此，高精料日粮饲喂导致跛行率升高的证据仍然存在矛盾，但对于大多数牧场，饲喂肯定不是主要因素。例如，有报道表明，使用低精料日粮、采用单一日粮配方饲喂的1个牧场，该牧场的日粮精饲料：粗饲料为20 ： 80（9），跛行率也居高不下。这可能是由于采食量不足，奶牛失重过快所致。

### ■ *日粮中的蛋白*

有人认为，高蛋白日粮可导致跛行率升高（8，71），可能是由瘤胃内产生过量氨基酸所致（103）。然而，这并非常见问题。在春季放牧的牧场，蛋白的摄入量也很高，虽然从舍饲状态转至放牧模式使奶牛行走的距离增加，但并不一定表现跛行率升高。

高蛋白日粮确实促进泌乳早期产奶量增加，且与此相关的产奶量增加和由此产生的代谢病会导致跛行率升高。最好避免日粮中蛋白含量超过17%～18%。

跛行的高发和牧草青贮密切相关，尤其是干物质含量低且不完全发酵的青贮。至于是由于青贮饲料中的有毒物质（可能是胺）对蹄真皮内血管的直接影响，还是仅因为饲喂这种青贮饲料使奶牛的采食量下降而导致失重过多和指（趾）枕功能不良，目前尚不明确（50）。

### ■ *产奶量*

采食量会影响产奶量，很多研究表明产奶量增加和跛行之间也有相关性（3，49）。在一项研究中，1 109头年的试验期*和750个跛行病例的数据显示，发生过跛行的奶牛每个泌乳期平均产奶量比同群无跛行史的奶牛高400升（49）。以追求高产奶量为目标的饲养方式可能对跛行率升高有影响，但这是由于日粮的因素还是因为采食量增加导致站立时间过长或者由于体重下降过多对指（趾）枕造成的影响所致尚不明确。

### ■ *后备牛饲养*

有证据表明，在后备牛饲养过程中，饲喂高精料日粮，尤其是育成期（<18月龄）突然由低精料日粮转变为高精料日粮时，可导致蹄底出血（50）。

在过去10～15年间，对于后备牛的培育理念已经发生巨大变化，培育目标是让后备牛在2岁龄时产犊，为此，后备牛日增重需达到800克，有趣的是达到这一目标所需的采食量会导致蹄底出血。为了达到上述目标，需要饲喂高精料日粮。那么，这是不是该年龄段的牛跛行发病率升高的原因呢？

近期，有些牧场开始控制育成牛的精料采食量，以期改善这一问题。让后备牛自由采食粗饲料，生长率并未受到明显影响。日粮的适口性，以及由此使干物质采食量增加，可通过使用优质粗饲料改善。使用高粗饲料日粮饲喂的后备牛，头胎产犊后干物质采食量可能更高。

### ■ *奶牛体况*

体况对跛行的主要影响有：过瘦的奶牛

---

* 1 109头年的试验期指1 109头牛一年的试验期。

指（趾）枕中脂肪含量较少而使其缓冲能力较差（图2.22），因此，更容易发生蹄底挫伤而使其更易发蹄病，如蹄底溃疡和白线病。如第二章所述，这对指（趾）枕尚未发育完全的头胎牛尤为重要。有研究表明，奶牛在产犊时体况评分（BCS）较低或者产犊后体重下降过多，在产犊后2～4个月更容易发生跛行；发生跛行时比较瘦（BCS下降幅度超过0.5分）的奶牛跛行持续时间会更长。因此，体况下降会使跛行的风险倍增，故在奶牛产犊后维持良好的体况对于跛行的预防非常重要，尤其是对于头胎牛而言（163）。

奶牛在产犊时过肥，会使其食欲较差，尤其是对粗饲料的采食更少（46），由此更易造成体重下降加快并发生营养代谢病。理想状态下，奶牛干奶时体况评分应控制在2.5分左右，并维持体况至产犊，产后至泌乳高峰时体况评分下降幅度不超过0.5分。

### ■ 维生素 $B_7$（生物素）的合成

虽然传统观念认为反刍动物自身能够合成维生素$B_7$，但诸多研究显示给高产奶牛补充外源性维生素$B_7$有很多益处，包括提高产奶量和降低跛行率等（18）。体外研究显示，高精料日粮可导致瘤胃酸中毒，生物素合成量由1.5微克/天降至0.3微克/天（37）。同样，添加生物素能够改善跛行的原因还考虑到饲养过程中所用的高淀粉日粮的饲料来源，如谷物饲料和全株玉米青贮，这些饲料内生物素的天然含量很低（127）。

在英国5个牧场，对累计1 100余个泌乳期的干预性对比试验结果显示，每日添加20毫克生物素能够显著地将由白线病导致的跛行率减半（54）。在5胎以上的牛群中，由于白线病发病率很高，每日添加生物素可使跛行率降低3.5倍。生存分析结果显示，需要连续添加130天的生物素后才能够观察到显著效果（54）。毫无疑问，因为添加生物素后改善的角质至少需要2个月的时间才能到达负重面。此外，另有试验表明添加生物素能够使产奶量提高1～2升/天，因此，牧场应自行决定是否添加。在英国，很多牧场现在使用的饲料中都含有生物素，但为了达到最佳效果，在干奶期也应添加。

还有几位学者也报道了生物素与不同类型蹄病间的关系，包括蹄底溃疡和蹄踵糜烂（26）。日本的一项研究（60）表明，血液中生物素的水平和牛群跛行有相关性，并推荐在日粮中添加生物素。北美的一项研究（147）显示，饲喂生物素可以降低头胎牛蹄底出血的发病率，由于新产头胎牛更易发生跛行，添加生物素值得考虑。

### ■ 锌、硫和微量元素

有人建议使用某些特定营养元素以改善蹄壳的硬度，但据文献报道的效果相互矛盾，与其他因素相比，其重要性可能十分有限。

一般来说，软角质较硬角质含水量高、锌和硫的含量较低。建议添加氧化锌以改善蹄壳硬度，蛋氨酸锌可能更易吸收且对改善蹄角质的效果更好。螯合的矿物质添加剂能够提高矿物质元素的吸收率，有研究表明，添加螯合的矿物质添加剂能够降低跛行率，也可降低蹄皮炎的发病率（148，149，162）。然而，也有人认为，使用螯合的矿物质添加剂并不比提高日粮中无机矿物质元素的用量效果好，如果将饲料中的锌含量降低至需求量（约为每千克干物质含锌25毫克）之下，跛行并非锌缺乏症的临床表现之一（150）。

## 环境因素

### ■ *站立时长和时间分配*

环境因素对奶牛跛行的影响非常大，尤其是当奶牛长时间站立或行走在坚硬的地面（如混凝土地面）时，常导致不良影响。混凝土地面可磨损负重面的角质，如图3.2所示的头胎牛凸出蹄底的蹄壁常会磨灭，从而使体重完全由蹄底负担。虽然观察的方法不正确，但我们习惯性认为蹄底部分负重是正常的（图5.50和图5.85），甚至像图5.57所示的蹄底负重面加大我们也会认为是正常的。蹄底负重增加可刺激蹄底角质的生成，会进一步加剧蹄底损伤。奶牛长时间站立可导致严重的损伤，常导致蹄底溃疡发病部位出血，甚至有些更严重的病例表现为蹄底泛发性出血。此外，如果奶牛长时间站立不动，会使蹄部血流减少（见第二章）和血液瘀滞，不利于角质形成。

要想了解躺卧时间的意义，首先要了解奶牛的日常行为。这常称为“时间分配”。

理想状态，奶牛每天躺卧时间应达到12～14小时（27，55，59）。为了达到这一目标，卧床设计必须合理，且垫料管理得当，头胎牛在产犊前要训练其使用卧床。奶牛每天必须要完成的事项有：

- 躺在卧床上休息。
- 站立挤奶。
- 站立采食。
- 站立饮水。
- 站立社交，社交是一系列行为的总称。包括使奶牛在牛群中确立其地位的争斗行为，以及其他活动，如清洁行为和发情行为等。

#### 站立挤奶

在不同牧场，挤奶时奶牛站立的时长差异很大。有些牧场在缩短挤奶时站立时长方面做得很好。当奶牛离开牛舍去挤奶时，工人立即开始清理卧床，可能每班次清理一排卧床，同时还有人分别进行投放饲料、清洁通道和添加卧床垫料等工作，这样可使奶牛在挤奶后马上就能回到干净的牛舍。为了达到这一目标，相关岗位的工人在挤奶开始时都要投入各自的工作。在这样的牧场，奶牛每班挤奶时站立的时长最低可达30分钟（图6.7）。在其他牧场，作者观察到将3组牛（高产牛、低产牛和新产牛）同时赶出牛舍进入待挤区，让奶牛一直站立直至轮到它们挤奶，甚至有新产牛（最易发蹄底挫伤的牛）最后一批挤奶的现象。当挤完奶后，所有牛还需要站立30分钟，等待乳头孔完全闭合，以防发生乳房炎。在这种情况下，每班挤奶的站立时间甚至高达3小时或每天6小时。

有人认为，如果通道已清洁、卧床垫料也整理完毕，可以直接将奶牛在挤奶完成后赶回牛舍，让其自由选择采食或躺卧，不需

图6.7　尽量缩短奶牛挤奶时的站立时间

要强迫站立30分钟等待乳头孔闭合。尤其是奶牛浴蹄后，其蹄部处于更加洁净的状态。一般情况下，奶牛回到牛舍后会先去采食（新投放的饲料或刚推完的饲料）；而那些挤奶后回到牛舍后即躺卧在卧床上的奶牛，可能是病牛或蹄部健康状况不佳的牛，不应强迫其站立等待乳头孔闭合。

当牧场中人员不足时，时间分配很难做到合理。开始挤奶前，1个人既要将牛赶出牛舍，又要清洁通道、更换垫料，可能还要投放饲料。这种情况下，奶牛在开始挤奶前已经站立了1小时。如果挤奶厅的工作效率比较低，那么当最后一头牛挤完前它就又多站立了30分钟。整体来说，奶牛每班挤奶站立的时长轻而易举地达到3小时，每天长达6小时。

站立采食

相同的原则也适用于采食区域。奶牛每天站立采食的时间超过6小时，这是奶牛需要站立完成耗时最长的行为。因此，牧场必须要有充足的采食空间，确保所有奶牛可以同时采食。对于荷斯坦奶牛来说，每头牛的采食空间至少为0.6米，对于围产前期的奶牛和新产牛群，因其会频繁转群使牛的社交活动增加，且妊娠后期的奶牛腹围较大，最好将采食空间增大至0.8米/牛。

如果采食空间不足，牛群中地位较低的奶牛，如跛行牛和新产头胎牛，只能等到其他奶牛吃完后才开始采食。当然，我们希望这些牛的站立时间尽可能短些。

甚至采食通道围栏的设计也对跛行有影响。如果奶牛斜向站立采食（图6.8），表明颈杠安装的位置过低，且与立柱间的距离过窄，奶牛在采食时感到不适。图6.8中颈杠虽然安装在料道的正上方，但最好再向前离立柱更远些。理想状态下，料道应比粪道地面高300毫米，以便奶牛采食时更舒适。改良后的料道可缩短采食时间，继而使躺卧休息的时间增加。

图6.8 如果奶牛如图中所示的方式斜向站立采食，表明料道设计不合理。请注意，图中的颈杠已向上调整以便奶牛采食

饮水和社交

奶牛每天饮水和社交的时间约需1小时，但对于新产牛来讲，为了重新确定其在牛群中的地位，需要的时间会更长。研究表明（35），当奶牛转入到新产牛群中，转群后3天内的攻击性行为明显增多，产奶量会下降3%～5%（在很多牧场中，在新转群的牛都能观察到这一现象）。通常情况下，新进群的奶牛与同群牛之间平均每小时会接触10次（24小时240次），约一半是有身体接触的攻击行为（顶、挤或争斗），另一半仅是恐吓。这种身体接触性的攻击行为增多，可明显影响一天中其他的活动，使奶牛站立的时间延长和蹄壳的磨损更多。

因此，对时间分配，我们要考虑：

• 14个小时的躺卧时间。

• 6小时的采食时间。

• 1小时的饮水和社交（建立群体秩序）时间。

• 3小时的挤奶时间。

这个时间分配是可以实现的，但无疑奶牛自行支配的时间很少。如果挤奶耗时延长，如前所述每班3小时（每天6小时），那么躺卧的时间最多还剩11小时。这还是在采食空间足够、新产头胎牛已经学会使用卧床，且卧床非常舒适以使奶牛喜欢躺卧的前提下。如果采食空间不足，那么牛群中地位较低的奶牛和新产牛站着等待采食的时间就会更长。

■ *躺卧时间*

如前所述，躺卧时间和站立时间是互相竞争关系。任何影响奶牛躺卧的因素都可使站立时间延长。包括多种因素，如卧床的舒适度下降（卧床设计、垫料类型、垫料用量）、上床率或卧床使用率、牛舍内空气质量与通风、牛舍的整体设计与布局等。牛舍中温度过高和湿度过大等都可显著降低躺卧时间（以及采食时间），容易导致牛群发生跛行和乳房炎问题。热应激对于全封闭牛舍的牧场来讲，是一个非常重要的问题，之后会展开讨论。

也有人对放牧奶牛的躺卧时间进行过研究，令人惊讶的是，得到的结果非常相似。新西兰的一项研究（140）表明，放牧奶牛每天躺卧8.5小时（7.5～9.6小时），每次躺卧时长平均75分钟，每天活动的距离约4.5千米，白天平均躺卧时间（2.2小时）远远低于夜间躺卧时间（6.3小时）的一半，但令人惊讶的是，夜间每次躺卧的时长比白天更短（46分钟vs 96分钟）。如果不受到干扰，正常情况下奶牛在凌晨5点前后多会处于躺卧休息状态，但这时奶牛会被赶去挤奶！4.5千米的行走距离对蹄壳的磨损和蹄底挫伤的影响十分明显。

影响舍饲奶牛躺卧时间的因素会在后文叙述，包括卧床设计、卧床垫料、头胎牛使用卧床训练和牛舍设计。

## 卧床设计和尺寸

总体来说，卧床的尺寸和设计对奶牛舒适度都有很大影响（图6.9），虽然可能不像垫料的影响（在下一节中讨论）那么大。下面内容详细讨论了卧床的结构和尺寸，但大家要明白，这不能一概而论，因为奶牛受品种、年龄等因素的影响而个体差异很大。对成年奶牛大小合适的卧床，对头胎牛过大，会导致头胎牛将粪便排在卧床上。也有人说，当把牛赶去挤奶时，清理卧床的过程中在卧床上没有粪便，说明卧床对于成年奶牛来说是偏小的。双排卧床的大小应该至

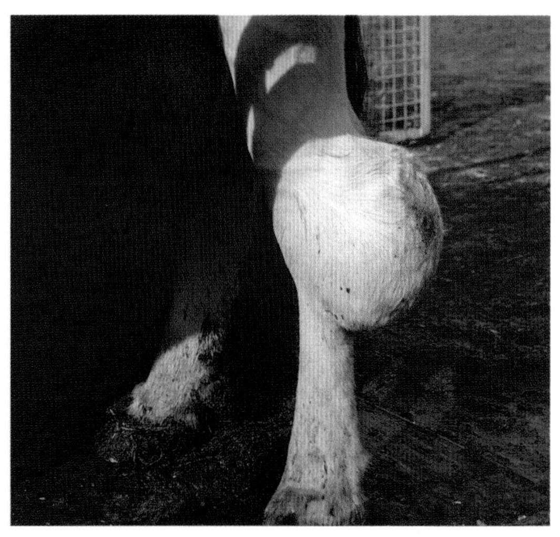

图6.9　由卧床摩擦等原因导致的飞节疮

少1.25米宽，2.75米长（32）（头对头的卧床，前方的空间可共享），或者3米长（单排卧床，牛头面对墙面）。颈轨的安装高度要足够，保证颈轨到坎墙的距离为2.25米。一定让奶牛有足够的前冲空间，即牛起立过程中头部的摆动空间。图6.10展示了奶牛在起立时的动作和前方空间的需要量。

图6.10　当奶牛起立的过程中，前方需要1～2米的前冲空间

在卧床尺寸中，虽然有些奶牛在卧床内起身时会向侧方摆头，但长度才是影响奶牛使用卧床的最重要因素。图6.11中展示的卧床在前面和侧面均提供了较大的前冲空间。将图6.11与图6.12进行比较，后图中的奶牛起身非常困难。在起身过程中，奶牛前冲时头部会接近地面（图6.10），所以前挡杆要尽可能低，不超过0.3米，如图6.11所示。

图6.11　前冲空间充足的厚沙卧床会使奶牛更舒适

卧床前方的空间充足，有利于奶牛反刍时脖颈伸展（59）。当奶牛在躺卧时只能将头弯于体侧，或卧床过窄使牛在躺卧时压迫瘤胃的情况下，只能站起来反刍，前蹄站在卧床上，后蹄站在粪道上（图6.13）。曾认为这种站立姿势会对后蹄造成更大的压力，导致奶牛跛行，但新近的研究（151）表明事实并非如此，虽然奶牛在这种状态下两后蹄负重更多，但注意图6.13中从卧床上滑落的褥草很靠近坎墙，这个位置较软、很干净、干燥，所以有利于改善蹄部健康。

在躺卧的时候，奶牛不喜欢眼前有任何障碍物，例如一堵墙或者横杠。如果卧床朝向采食通道，最好去除中间的挡墙。对于双排卧床，奶牛能否从一侧卧床爬到对侧卧床并不重要。只有少数奶牛会有这样的行为，即使它们有这样的行为，也比爬到中间时想起身而卡在卧床中间更好。如果卧床靠墙，最好拆除卧床前的挡墙（图6.14）。

传统理论认为，卧床的坎墙不可过高，因为奶牛不喜欢上下卧床时跨过一个非常高的障碍物。然而，绝大多数养殖者现在更喜欢高坎墙（最低9英寸，约23厘米）。英国的一项研究（6）发现，在低坎墙（150毫米）的牧场中，奶牛跛行率更高。当然，这与现代化牧场中坎墙较低，但奶牛产奶量非

图6.12　这头奶牛很难前冲，然后起身

图6.13　使用足够的褥草，这些褥草滑落在通道上，可以给奶牛后蹄提供一个柔软和干燥的站立区域

常高并使跛行率更高有关。一旦奶牛习惯了某种高度的坎墙，即使坎墙高度超过250毫米也可以接受。如图6.15所示，如果坎墙太低，奶牛的尾巴会落在粪道上，导致后躯过脏和乳房炎高发。如果卧床的坎墙过低，自动刮粪板会将滑落在粪道的垫料刮走，使奶牛的尾巴很脏。图6.16中的坎墙比较高，奶牛的尾巴在干净的垫料上。需要注意的是，奶牛的体型大小不一致。不太可能有1个卧床规格适合所有奶牛，所以图6.16中最左侧那头体型较小的头胎牛躺卧位置更靠前。

图6.14　将卧床前的挡墙拆除，可增加奶牛的前冲空间并提高舒适度。上图中的木质挡胸板与上面的牛舍挡墙是一体的，所以前冲空间不足

图6.15　坎墙过低、粪道肮脏使乳房被污染，卧床靠近粪道的部位湿滑，这不利于乳房炎和跛行的控制

图6.16　这些卧床的坎墙较高，尾部可搭放在卧床上或粪道内较为干净的沙土上。坎墙稍高于卧床表面意味着奶牛在起身时不会从卧床后缘滑落，可提高奶牛的舒适度。图中两头较大的牛趴卧的位置比较理想，可使粪便和尿液直接排入粪道

对于坎墙高度，最重要的是训练奶牛跨过坎墙使用卧床。如果头胎牛在转入泌乳牛群之前，就已经训练出了上高坎墙卧床的能力，那么一切问题都迎刃而解。

宽度也是卧床设计时需要考虑的重要因素。如果卧床过窄，则相邻2个卧床中间共用空间不足。理想的卧床宽度最好能够让相邻的卧床间的共用空间控制在最小。老式Newton Rigg式卧床（图6.17）的缺点是后部有2根立柱，可能会损伤奶牛的骨盆，且前方有1根较低的水平横杆，其高度约在奶牛躺卧时的下颌处，影响了侧冲空间。

图6.17　使用褥草的Newton Rigg式卧床

图6.11中那种全悬挂式卧床是比较理想的，因为后方没有立柱，且前方的侧冲空间较大。卧床隔栏后部的下缘应该不超过卧床表面560毫米，否则，体型较小的奶牛会斜卧在卧床上，导致垫料容易被污染。在老式牛舍中，可在相邻的卧床间用拉紧的绳索代替硬质隔栏的下方挡杆将卧床隔开（图6.14和图6.18）。图6.19所示的木隔栏不是理想选择，因其可造成奶牛损伤。

图6.20中的卧床，拍摄照片前不久刚用混凝土全部硬化，使地面和隔栏的间距变小。这会损伤奶牛的飞节，导致飞节肿胀、脓肿、不适，使奶牛的卧床利用率下降。如果卧床的隔栏过低，奶牛会试图从下面钻过去，导致其被卡住。图6.21中的奶牛就发生了这种情况，其背部出现血肿。目前卧床隔栏的设计高度超过1.4米，这可改善奶牛的舒适度。如图6.11所示，奶牛是否能从卧床前面穿过好像无关紧要。由于某些原因，奶牛很少从卧床前方走到对侧，要将颈轨设计的足够高，以免对奶牛造成伤害。

颈轨的位置也十分关键。颈轨太靠前，奶牛起身时可能会在卧床上排便，增加了乳房炎的风险。颈轨太靠后或者太低，会使卧床非常不舒服，很多奶牛会直接趴在粪道内，导致跛行加剧。理想状况下，卧床颈轨离坎墙后缘的距离应有2.25米，但与其他尺寸一样，这一距离取决于奶牛的体型大小。

距离卧床后缘1.75米安装挡胸板（可用板、管等），能够使奶牛躺卧的尽量靠后，保持卧床的清洁。但要使用边缘圆润的挡胸板，不要使用有棱角的材料，以免在奶牛起身时造成腕关节的损伤。

卧床之间的粪道宽度应至少达3米（图6.22），这可从两方面减少跛行（6）。第一，粪道较宽可以使粪便的蓄积深度更小，降低蹄皮炎的发病率。将粪道由2.44米加宽至3.66米可以降低粪便堆积深度的50%！第二，粪道加宽可以减少牛群中地位较低的奶牛（如头胎牛）受到威胁，使其容易找到空卧床，缩短站立时间。图6.22中的通道比较理想，因为通道上还有大量垫料。这家牧场周边是谷物种植土地，牧场主每天在每个卧床垫4.5千克稻草，奶牛的舒适度非常好。

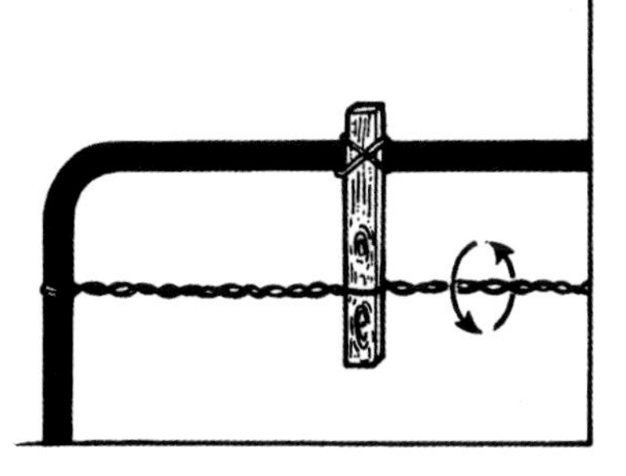

图6.18　卧床的隔栏较低时，可在隔栏上绑1条松弛的绳索。在下图中，可用木棍将绳索绞紧（见箭头方向）。当绳环拉紧后，可将木棍固定在隔栏上方的横杆上

图6.19　过窄的自制卧床，奶牛舒适度不佳

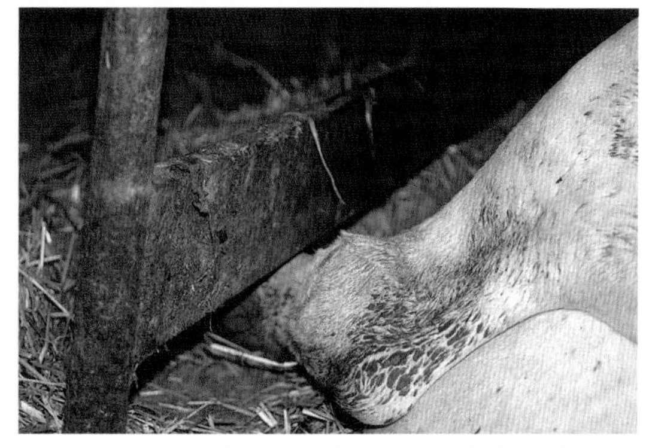

图6.20　卧床隔栏下方挡杆过低会损伤奶牛的飞节

图6.21　由于卧床设计不合理，奶牛背部发生血肿

图6.22 两排卧床间的通道比较宽（3.66米），并有大量垫料，奶牛舒适度很好

有人曾尝试将并列式卧床拆除改造成鱼骨式，想通过这种方式在不改变粪道和坎墙结构的前提下增加卧床的宽度和长度。但这种卧床奶牛不是正向躺卧，卧床表面很容易污染，因此这种设计方案并未流行。

奶牛习惯利用它们用过的东西。在一项研究（77）中，通过记录奶牛在卧床上躺卧的时长来评估卧床设计是否合理。结果表明，悬挂式卧床（图6.11）优于Newton Rigg式卧床。然而，一旦奶牛已经适应了一种类型的卧床，无论卧床的设计如何，躺卧时间没有明显区别。如果要改造卧床的话，要考虑到奶牛在适应新卧床的过程中站立时间延长，也可能会引发蹄部损伤。

当奶牛从散放模式转为散栏饲养时，有时会发现牛群暴发跛行。奶牛对于卧床非常陌生，并且舒适度不高，使躺卧时间下降，蹄部创伤增多，最终表现出跛行。作者曾经历过的一次非常严重的暴发性跛行（蹄底溃疡和白线病），就是由于上述情况所致。这个案例的牛群从散放条件下转至新建的散栏式牛舍，卧床表面硬化成前部平整、后部呈陡坡形、中间呈脊形凸起，且没有垫料。由于舒适度很差，几乎没有奶牛在卧床上躺卧。很多奶牛一直站着，其他奶牛一半卧在卧床上，另一半卧在粪道，甚至全部卧在粪道。针对这种情况，将卧床按前后高差100毫米进行改造，并给卧床铺上垫料。改造后，卧床使用率提高，最终也解决了跛行问题。然而，那些严重蹄底溃疡的患牛永远无法完全康复，不得不淘汰。

## 卧床垫料

无论卧床设计还是垫料的用量均对躺卧时间和跛行有很大影响。曾有很多牧场尝试使用夯实的土壤或石灰做卧床，但发现这样的卧床随着使用时间延长很容易变得凹凸不平（继而影响奶牛的舒适度）。因此，现在大多数牧场卧床的基础常用混凝土。混凝土基础可与粪道地面的高度一致，在卧床后缘建一道坎墙，将沙子填入其中；或将混凝土基础做到与坎墙同高，上面铺橡胶垫或使用褥草改善舒适度。后一种方式参见图6.23。这些卧床的坎墙低矮，在混凝土卧床上铺橡胶垫改善了奶牛的舒适度。此外，卧床上的石灰可降低发生乳房炎的风险，并使卧床表面保持干燥，防止湿滑，让牛站立时感到更舒适。图6.24中所示的卧床会增加乳房炎和跛行的发病风险。

关于卧床坎墙的后缘是否要高于垫料表面的观点近年已经发生变化。早期的卧床都有坎墙（有时仅为一块木板），曾有一段时间人们认为卧床表面应与坎墙齐平，就像图

图6.23　图中卧床的坎墙很低，在混凝土卧床上铺了橡胶垫以改善舒适度。注意卧床上使用了石灰，这能够降低发生乳房炎的风险，并且保持卧床的干燥，防止卧床表面变得湿滑，提高了舒适度

6.23中的卧床那样，有人认为这样有利于尿液和乳汁等从卧床上排出（以保持卧床后部干燥），且坎墙不高出卧床表面能够降低乳头损伤的风险。作者认为奶牛本身更喜欢坎墙稍高于垫料表面的卧床（图6.25）。这种卧床可使奶牛起身时后蹄能受力，方便其站立起来，且在熟悉了卧床后，奶牛知道坎墙的位置，有助于其在退出卧床时定位。另外，还可以让奶牛将尾巴放在坎墙上方的沙子垫料上，保持干净。但据作者了解，有些牧场已经改为混凝土硬化卧床，并加铺橡胶垫，发现越来越多的奶牛拒绝使用这样的卧床，可能是因为卧床失去了凸出的坎墙。

当奶牛起身时，后肢先站起，腕部负重（图6.26），然后后蹄扣住地面抬起后躯。如果卧床上是深沙垫料（图6.26），奶牛能够抓地更切实，卧床后部的坎墙能够借力时尤为如此。如果卧床平面是坚硬的橡胶垫，尤其是橡胶垫湿滑时（图6.24），奶牛很可能会滑倒，有时也可能从卧床后部滑到粪道上。这种情况很容易导致奶牛恐惧并损伤其蹄部。而深沙卧床不会发生这种情况。

图6.24 这些橡胶垫又湿又滑，因此发生乳房炎和跛行的风险升高

图6.26 请注意这头牛的起身姿势。它将重心转移到腕部，然后用后蹄踏入垫料用力抬起后躯

图6.25 图中的散栏式牛舍有非常宽的粪道，做过防滑处理的混凝土地面，坎墙很高并凸出于垫料表面的卧床，所有措施都增加了舒适度。牛体非常干净

垫料用量和卧床表面的材质十分关键。表6.2 中为奶牛在大小相同但垫料不同的卧床上每天躺卧的时长（11）。坚硬表面的卧床，如裸混凝土表面和硬橡胶垫，奶牛躺卧时间较短。

表6.2　在不同类型卧床上奶牛每天躺卧时长（11）

| 卧床类型 | 奶牛每天躺卧时长 |
|---|---|
| 裸混凝土 | 7.2小时 |
| 隔热混凝土 | 8.1小时 |
| 硬橡胶垫 | 9.8小时 |
| 混凝土表面铺碎褥草 | 14.1小时 |
| 奶牛专用床垫 | 14.4小时 |

图6.27　请注意图中奶牛飞节上的2个擦痕及其异常躺卧姿势，两后肢都向右过度伸展。尽管卧床上铺了锯末，但这种铺了橡胶垫的混凝土卧床太硬而使奶牛感到不适

另一个试验（31）对比了2个管理一致的牧场，2个牧场的卧床尺寸相同。结果显示，卧床上垫了更多秸秆的牧场，奶牛躺卧时间更长，且同群头胎牛的卧床使用率更高、进入牛舍到进入卧床的时间更短。该试验还发现，垫料多的牧场因蹄底溃疡和白线病导致跛行牛的比例显著下降。

因此，不管卧床设计如何，充足的垫料，无论是橡胶垫、奶牛专用床垫、沙子、锯末或者厚的褥草，都是改善舒适度的必要条件。橡胶垫上必须铺一层锯末或者褥草，以保持卧床干燥，并降低飞节擦伤的风险（图6.27），当然也可降低乳房炎的发病风险。请注意，图6.27中奶牛的异常躺卧姿势，其两后肢在体下过于伸展。橡胶垫上仅铺了薄薄一层锯末，锯末很容易从卧床上吹落或刮落，裸露出光滑的橡胶垫。这种状态下，飞节的持续损伤会引起严重肿胀，甚至飞节疮（图6.9）。因此，患牛应尽快转至有褥草的运动场上饲养。

图6.11中的奶牛躺卧姿势较好，请注意其躺卧状态下后肢的姿势。

也有人用旧传送带替代橡胶垫，使用时将磨损面向下固定在混凝土卧床上，虽然这比橡胶垫便宜，但这种材料很硬，不如橡胶垫、沙子或厚的褥草舒服。厚褥草（图6.13）的舒适性很好，但其可增加奶牛患乳房炎的风险。另外，因为褥草难以固定在混凝土卧床表面，所以可能需要在卧床后沿加装挡板。

尽管厚沙垫料可能会出现板结的情况，但其应用仍然十分普遍（图6.25和图6.26）。沙子是无机垫料，不会滋生细菌（如果混入高pH的抑菌剂和干燥剂，如石灰，效果更好）。假如垫料的厚度足够，奶牛更喜欢沙子垫料，非常愿意躺卧或站立在卧床上。一项研究（34）表明，虽然同样设计的卧床条件下，分别使用沙子垫料和橡胶垫，奶牛的躺卧时间没有显著差异，但使用沙子垫料的牧场，奶牛的跛行率更低。之所以得到这一结果，可能是由于跛行初期，患牛更喜欢在沙子卧床上躺卧，而且患牛不会向在橡胶垫卧床上那样频繁起卧。跛行牛每24小时在沙子卧床上平均起卧10次，而在橡胶垫卧床上，每24小时平均需要起卧14次。起卧次数的减少降低了跛行的总体发病率。无论如何，沙子垫料仍然是最优选择，尤其是对于跛行牛而言，其躺卧时间应更长、起卧次数更少。

沙子垫料的选择非常重要，要尽量选择含土量低的沙子，以免板结。如果沙子中含土量过高，在奶牛躺卧后，尤其是奶牛在卧床上漏奶、排尿或出汗时，垫料容易硬结。水洗沙干燥后用作卧床垫料比较方便处理。很多牧场会以每周1～2次的频率将新沙堆在卧床前部，然后在每班挤奶时将卧床后部已污染的沙子清理后，再将前部的沙子刮到后部。与每天2次用褥草垫卧床相比，沙床所需的劳动力更少。沙子卧床的后部需定期（每周2～3次）翻耙，即将沙子垫料翻整，以防板结。这样既可保持沙子垫料的新鲜度，还有利于保持卧床干燥，有利于降低跛行和乳房炎发病率。图6.28是一种常用的卧床翻耙工具，可加装在拖拉机的前面使用。如牧场为悬挂式卧床（图6.11），后部没有立柱，拖拉机可沿着粪道紧贴卧床坎墙前进，耙杆左侧的3个齿可插入垫料内翻动沙子。但被牛粪尿污染变湿、发黑且有异味的沙子要清除并补填。

图6.28　将这个工具加装在拖拉机前部，可用于定期翻耙沙子卧床，以使卧床后部的沙子保持新鲜和干燥的状态。如果卧床后部的沙子潮湿、变黑并有异味，需清除并补填新沙

还有一些其他类型的垫料，如石膏粉（石膏板加工过程中的副产品）、泥煤、碎纸屑和其他纸质副产品。有些国家（包括英国）已经禁止使用石膏类垫料，因为这种垫料在遇水后会产生硫化氢气体，硫化氢有异味且有毒性。已有硫化氢气体导致人和牛死亡的报道。石灰灰是用纸和废木料燃烧发电时的一种废料，含有很高浓度的氢氧化钙，pH很高，能抑制细菌滋生，使环境干燥、干净，可有效预防乳房炎和跛行，但要慎用，因为这种垫料可灼伤奶牛的乳头。很多牧场将石灰灰与沙子按50 ∶ 50的比例混合，制成非常好的垫料。

回收牛粪，干物质含量约35%，可铺在橡胶垫卧床上使用，但不适用深的卧床。不考虑垫料设备成本时，垫料成本相对较低，可加大用量，多余的垫料落入粪道，可使粪道表面干燥且更柔软。

垫料的用量主要取决于卧床的基础（混凝土、橡胶垫或奶牛专用床垫），表6.3仅为大概的指导用量。其中的干物质含量仅来源于小样本的试验，成本价格是近似值，主要参考了2014年英国的物价。

表6.3 卧床垫料用量、成本和干物质含量对比

| 垫料 | 用量（每头牛每日） | 成本（2014） | | 干物质含量 |
|---|---|---|---|---|
| | | 每吨 | 每头牛每日 | |
| 沙子 | 8千克 | 14英镑 | 11.2便士* | 85%～97% |
| 石灰灰 | 4千克 | 20英镑 | 80便士* | 100% |
| 锯末（烘干） | 1.5千克 | 100英镑（袋装） | 15.0便士* | 87% |
| | | 75英镑（散装） | 11.2便士* | （79%二次使用） |
| 锯末（新鲜） | 2.0千克 | 65英镑 | 13便士* | 70% |
| 褥草（卧床） | 2.5千克 | 80英镑 | 20便士* | 85% |
| 褥草（运动场） | 15千克 | 80英镑 | 120便士* | 85% |
| 纸屑 | 2.2千克 | 55英镑 | 12.3便士* | 92% |
| 石灰 | 50千克 | 180英镑（袋装） | 1.0便士* | 100% |
| 回收牛粪 | 2千克 | | 5便士* | 35% |

注：*英国货币单位。

锯末的干物质含量是比较有意思的。新鲜锯末的干物质含量仅为70%（即垫料中30%是水！）。烘干锯末的干物质含量为87%，而废纸屑的干物质含量为92%。垫了褥草的运动场是预防跛行的最佳环境，但垫料成本太高，而且乳房炎的发病风险更大。

理想情况下，应该铺垫足量垫料，以便少量垫料在奶牛趴卧后挪动的过程中掉落到坎墙外（图6.13和图6.22）。这不是浪费，因为滑落在粪道上的垫料在奶牛从卧床上退出时对后蹄有缓冲作用。在每个牧场，都会有一些牛反刍时前肢站在卧床上，后肢站在粪道内，滑落的垫料可改善这些牛的舒适度，且能够保持牛蹄干燥使之角质更加坚硬，从而降低泥浆踵和蹄皮炎的发病率。

### ■ *头胎牛训练*

毫无疑问，头胎牛上卧床的训练对于熟悉卧床和躺卧时间都是非常重要的影响因素

之一。经历产犊应激之后，头胎牛还有很多需要去适应，如新的采食环境、进入挤奶厅挤奶、在新的牛群中确立自己的地位，会导致其没有时机发现最舒适的躺卧位置。如果几头头胎牛在产犊后不会使用卧床而躺在粪道上，表明牛群中很多头胎牛的躺卧时间不足——所以其站立时间过长，跛行率升高。如果泌乳牛群是散栏饲养模式，那么尽可能也用散栏模式饲养后备母牛。如没有条件，可在妊娠中期用4～6周的时间训练它们使用卧床，而在炎热的夏季，仍然保持散放饲养模式。

另一种方法是将妊娠后期的青年牛与干奶期奶牛混合饲养4～6周，直至产犊。对于牧场，让青年牛进入鱼骨式奶厅是一件很麻烦的事情，但必须要训练其熟悉挤奶厅，以免在产犊后需更长的时间适应而导致奶牛余生中长期罹患跛行。产犊前已熟悉挤奶厅的头胎牛，进入待挤区后很少站在牛群的后面等待最后进入奶台挤奶。如果与干奶期奶牛混养，可让其每周从挤奶厅内走两次，同时药浴乳头以控制乳房炎，并浴蹄启动蹄皮炎和指（趾）间皮炎的常规控制程序。这样有助于减少头胎牛产后的站立时间，从而缩短牛蹄与粪污的接触时间。

如果在产犊前2周将青年牛转入散栏式牛舍就太晚了。因为在此阶段，无论哪种类型的卧床对怀孕青年牛来说都不舒服，且在松弛素的作用下，此时蹄骨的活动性已经开始增大。

## 牛舍设计和奶牛行为

除了卧床的舒适度，必须有充足的空间供奶牛走动。采食通道和粪道的宽度（分别为5.5米和4米）都要充足，这可加快牛群的流动，减少个体间的恐吓行为，还能减少牛蹄与粪污的接触时间，同时也有效降低了饲养密度。如果有运动场更理想，虽然可能会有泥泞的问题，但可为奶牛提供舍外活动区域。

相反，牛群密度过大、活动空间不足意味着奶牛活动量不够，会导致蹄部血流不畅，寒冷季节影响尤为明显。在第一次世界大战期间，在泥泞的战壕中长期站立的士兵罹患了一种相似的症状（被称为“战壕足”）。

对于群体地位较低的奶牛，卧床既是休息区又是安全区，因为卧床间的隔栏为其提供了独立的空间（84）。现在普遍认为，卧床数量要满足舍内所有奶牛同时躺卧，至少卧床数量和奶牛头数相同（93）。当然，很多人喜欢卧床数量比奶牛头数多10%这一方式，有时将其称为90%的饲养密度。这意味着奶牛可以更快地找到卧床以躺卧休息。

此外，牛舍应设计逃逸通道。如果粪道采光不佳且末端封闭，因为害怕被成年母牛拦截，头胎牛不愿进入卧床，致使躺卧时长减少。理想状况是每15～20个卧床就应有1个过道，即使是1个仅能让1头头胎牛通过的狭窄通道也可，当然，如果是1个宽度能够让奶牛相向通过的通道更好。在目前流行的设计方式中，牧场会在通道加装水槽，这样的通道宽度至少要能够保证奶牛相向通过。

要避免在通道相连处有急转弯。正常状态下，奶牛在通过有急转弯的位置时会将速度降下来。如果通道转弯太急，头胎牛会为了躲避成年母牛的挑衅而骤停以免摔倒，这使得转身过程中蹄底的磨损加剧。这可导致蹄底与蹄壁分离，使白线增宽并变得更加脆弱。有些老式的挤奶厅的通道很狭窄且有台阶，奶牛在出奶台时必须下台阶并向后转身，然后沿奶台同侧返回牛舍，这可导致牛群跛行率升高。在有台阶的区域铺设橡胶垫既能改善舒适度，又能降低蹄底的磨损，有时还能提高奶牛的流动速度，提升挤奶厅的运转效率。

如果很多奶牛在挤奶厅外的补饲槽旁拥挤在一起等待采食，也会表现类似的问题，排队等待的过程会使补饲槽旁粪污蓄积。因此，如果在挤奶厅外加装补饲槽，最好要设计好补饲槽的间距，以减少采食竞争。

要保持饲喂通道旁的区域清洁、干燥，并且无剩料堆积，以免奶牛的前蹄过度生长。如图6.29所示，在采食通道上铺设橡胶垫是一种很好的方法，但要注意防止积水，以免影响奶牛蹄部的健康。奶牛长期站立在剩料上时，蹄角质磨损较少，可导致蹄角质过度生长，也可因蹄部的污染而诱发蹄皮炎。

■ *地面*

混凝土地面需要做防滑处理，以保证奶牛能够大步行走并保持舒适，但也不能太粗糙，否则，会损伤蹄底。有破损和小坑的混凝土地面还会积水，使蹄壳变软，易造成蹄底挫伤。老化的混凝土地面会裸露小石子，可造成白线损伤。上述情况都需要对地面进行重新修整。当做混凝土地面时，应用颗粒较小的圆形砂石，且尽可能在制作混凝土过程中稍干些。较稀的混凝土做成地面更容易磨损，从而裸露出石子。不可使用棱角过于尖锐的砂石料，因其棱角更易造成蹄底损伤。

图6.29 在奶牛活动最多的位置使用橡胶垫，如采食通道

当奶牛第一次步入光滑的混凝土地面时，就像我们进入溜冰场一样——试图叉开双腿以保持平衡。这意味着步幅缩短，走过相同的距离需要更多步数。这可增加蹄部损伤，也使外侧指（趾）发生过度生长的风险增加。因此，地面应该既能便于奶牛行走，又不会对其蹄底造成过度磨损。对于地面形态，没有公认的最优标准。作者本人更喜欢像图5.98中蹄浴池表面那样的六边形防滑槽，这是在制作混凝土地面时用机械压成的。为了避免混凝土地面容易湿滑，深的防滑槽地面已成为常用方法。也有人喜欢方形或简单的线形防滑槽。如果有防滑槽，防滑槽的走向也存在争议，有人认为防滑槽应与通道走向一致（这样奶牛在行走的过程中不会叉开腿），但也有人认为防滑槽应与通道走向相垂直。有研究（126）认为理想的防滑槽应宽20毫米，深13毫米，槽间距不少于80毫米。

重要的是，头胎牛在产犊前2～3周已饲养于混凝土地面上，它们知道如何正确站立，在面对攻击性强的成年母牛时，它们不会摔倒受伤。试验表明，产前在混凝土地面上饲养的头胎牛比在褥草铺垫的运动场上饲养的头胎牛蹄底角质更厚，这有助其应对随之而来的角质磨损。但矛盾的是，如前文所述，头胎牛产后8周内最佳饲养方式是在有褥草的散放式牛舍内饲养（164）。

■ *待挤区*

奶牛每天都会在待挤区长时间站立，所以待挤区的环境要好。每班挤奶后，都应清理待挤区，对待挤区已破损且积水的地面要及时修理。

奶牛应从待挤区后方进入，以便直接进入奶台挤奶。如果奶牛从待挤区前方进入（图6.30），牛群中地位高的奶牛（H）会先进入到待挤区，并走到待挤区后部，而地位低的奶牛（L）和跛行牛（L）最后进入待挤区。当挤奶开始时，地位高的奶牛会向待挤区前面拥挤，以便先进入奶台（图6.31），在此过程中冲撞地位低的奶牛和跛行牛，导致后者的肢蹄损伤和跛行加剧。

因此，待挤区的开口最好在后方（图6.31中的A点），这样可使地位高的奶牛进入待挤区后最靠近奶台入口。如果奶台入口有等待通道，奶牛会在其内静候挤奶，也会提高奶牛的移动速度。如果挤奶员在挤奶时不得不进入待挤区驱赶奶牛进入奶台（尽量不要这样做！），尽量不要面向牛群走到待挤区后面，以免使牛群回头造成拥挤。这种

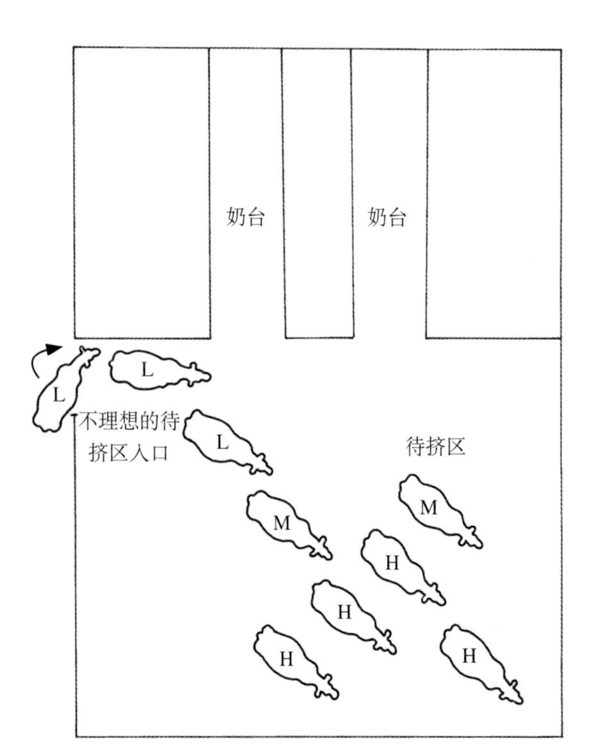


图6.30 奶牛不应从待挤区前部进入，否则地位高的奶牛（H）会先进入待挤区，然后向前拥挤地位低的和跛行的奶牛（L）以进入奶台，如图6.31所示

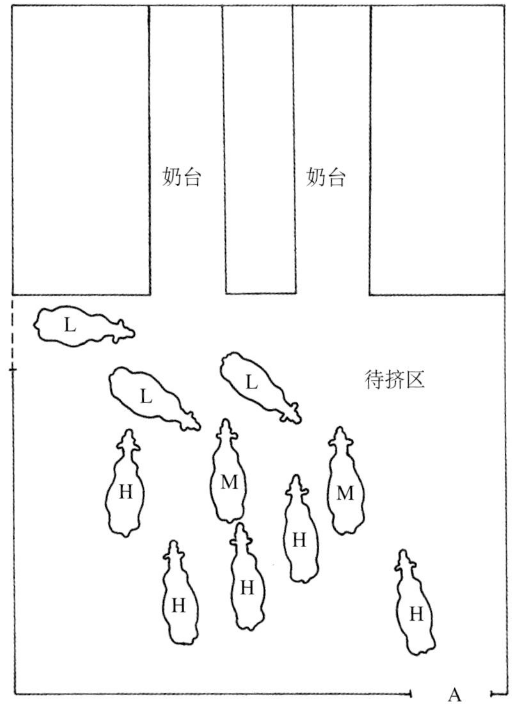


图6.31 牛群从前方进入待挤区可使奶牛在待挤区对抗增加，因为地位高的奶牛（H）会向前拥挤地位低的和跛行的奶牛，以进入奶台挤奶。A点是待挤区入口的更理想位置

方式能够加快牛群的移动速度，提高挤奶厅的工作效率，减少奶牛的站立时间，优化牛群的总时间分配。

■ *通风和热应激*

奶牛是排液量非常大的动物，每头奶牛每天通过尿液、粪便、呼吸和汗液产生约50升水，排液量会受到环境温度和湿度影响。因此，牛舍一定要排水通畅，通风良好。在英国，冬季舍饲时奶牛基本不会感觉过于寒冷，在寒冷季节保护地面与保护牛群同等重要。在进入牛舍时，应以不会闻到牛体味为宜。

在通风不良的牛舍，湿度过高会导致热应激和站立时间延长，继而使跛行和乳房炎发病率升高。热应激对高产奶牛影响更严重，因为它们产生的热量更多。一项研究（36）表明，如果湿度过高，即使环境温度低至21℃，奶牛也会发生热应激。在更高的温度下，奶牛的躺卧时间会减少30%（从10.9小时降至7.9小时），饮水时间延长（每天0.3小时增至0.5小时）。此外，奶牛还会聚集，而非散布在牛舍中，这使其体表湿度更大；奶牛长时间饮水会使水溅出水槽，使牛舍内的环境湿度增加。在热应激条件下，跛行奶牛会比健康奶牛站立时间更长，采食量下降，患亚急性瘤胃酸中毒（SARA）的风险升高。奶牛在热应激时喜欢聚集站立的原因尚不明确。从逻辑上推理，奶牛应散布在舍内并保持躺卧状态。一种说法是，奶牛是被捕食动物，在面对任何应激的时候，都会聚集在一起。

待挤区非常重要，因为这是奶牛密度最高的区域，待挤区的温度比牛舍内其他区域高6℃。因此，需要在待挤区安装风扇，这也是要研究牛群时间分配和缩短挤奶时间的又一原因。此外，牛舍的通风也要尽可能充足。如图6.23所示，要尽可能地拆除牛舍挡风设施，尤其是在炎热的夏季，以利于空气流通。在夏季，牛舍棚顶的有机玻璃采光板可以遮盖上，如刷上白漆，以减少牛舍的热辐射；否则，牛舍就会变成温室。实际上，在夏季牛舍棚顶的有机玻璃采光板面积最好不要超过10%。

## 管理因素

尽管牛舍设计非常重要，但管理方式也会影响奶牛跛行。

■ *驱赶门*

驱赶门用于促使奶牛向奶台移动，而不是推动奶牛前进。驱赶门不应对奶牛有电击作用，如果使用电击式驱赶门，会造成奶牛对驱赶门的恐惧，等待挤奶的奶牛就会面对着驱赶门，使其转身次数增加，加剧蹄壳磨损。最理想的方法是加装1个警示铃，提示奶牛驱赶门将会移动。奶牛站立时周围应有足够的空间保证其能够低头（图6.7），不能过度拥挤。尼尔·切斯特顿（Neil Chesterton，153）观察到，貌似奶牛会按进入待挤区的次序站立等待挤奶，但这并不完全正确。有些奶牛似乎知道何时轮到它们挤奶，因此它们会穿过等待挤奶的牛群，从待挤区后面挤到前面靠近奶台的位置。如果挤奶区过于拥挤，要么这种奶牛不能进入奶台，要么它需要尽量地推开其他奶牛，这可使奶牛的蹄壳磨损增加，从而导致跛行。可以在待挤区视野较好的位置观察1小时左右，观察奶牛在待挤区是否有上述行为。图6.32是一个非常好的例子。图片的上部风扇下方是奶台入口，但很显然牛群的移动存在严重问题。请注意，待挤区中部的1头奶牛（A）和右侧的3头奶牛（B），它们的方向是错误的——朝向待挤区的后侧。另外有2头牛（A和C），已经抬起了头。这种情况常见于驱赶门过于快速地推挤牛群向前，或者挤奶工人粗暴驱赶奶牛进入奶台。奶牛头部朝向待挤区后侧这一过程需快速转身，转身动作会使蹄壳磨损加剧，继而导致跛行。

图6.32 奶台入口位于图片上部的风扇下方。请注意图的中部有1头牛（A）和右侧的3头牛（B）朝向错误，即背离奶台入口的方向，并且A牛和C牛的头部抬起。这会严重影响奶牛的移动速度

如果挤奶工人进入待挤区驱赶奶牛，奶牛的自然反应是转身逃离，即逃离奶台入口。然后，这些奶牛在进入奶台时不得不再次转身，蹄部反复地扭转会导致跛行。改进建议有：在奶台后部两侧设台阶，如果想让奶牛进入左侧奶台，挤奶工人可从右侧台阶接近待挤区，反之亦然；奶台间的挤奶坑道向待挤区延长2～3米，这样挤奶工人在赶牛时可在奶牛的视线下走到其后面，以免奶牛转向；理想的状态是挤奶工人沿两侧的通道走到待挤区后部，然后向前驱赶奶牛，而不是正对着穿过牛群。

尼尔·切斯特顿（28，29）对驱赶门使用建议的“金标准”如下：

• 警惕奶牛抬头：如果牛群中超过5%的奶牛头部抬起高于牛背，表明待挤区内过于拥挤，跛行风险升高。

• 对于荷斯坦奶牛，待挤区的密度上限是1.8米$^2$/头；体型较小的新西兰奶牛1.5米$^2$/头，娟珊牛1.2米$^2$/头。

• 2列规则：在使用驱赶门之前，无论是鱼骨式奶厅还是转盘式奶厅，奶台入口的宽度应该能够保证2列牛同时通过。

• 5秒规则：驱赶门应该最长使用5秒，且要慢速前进。

• 驱赶门应安装警示铃，移动前可通过短促的铃声提示奶牛。

如果每头牛周围都有足够的空间，可使牛群移动速度更快。地位低的奶牛可以从小群的头牛旁边走过，而无须身体接触。如果过度使用驱赶门，或者用猎犬驱赶，奶牛会步伐慌乱，可造成蹄损伤，继而表现跛行。假如奶牛摔倒，可导致膝关节十字韧带断裂，继而发生不可逆性关节炎。与其他跛行表现不同的是，患牛严重跛行，行走过程中患肢僵直，膝关节屈曲。检查时提起患肢，奶牛不会有踢腿的动作。随着病情的发展，患肢腿部肌肉萎缩，膝关节出现硬肿，触诊对比健肢和患肢可确诊。膝关节损伤在牧场中是常见问题。

■ *侧压反应*

奶牛需要足够的空间，不喜欢相互接

触。我们都知道，如果站在奶牛的旁边，用力推动它，它也会用力地回挤，而不是躲闪。这种侧压反应对于跛行的发展至关重要。成年奶牛会试图反推施力方以消除压力。当它们反推时，靠近离施力方一侧的肢负重增加。这会使后蹄受力增加，加速蹄壳磨损，并可导致跛行。如果这种“侧压”进一步增加，奶牛将会躲避。牛群中地位高的奶牛会前行，后肢是奶牛前行时的发力肢。而牛群中地位低的奶牛和头胎牛常会后退，前肢为发力肢。一项新西兰的研究（29）显示，蹄底刺伤和白线裂更常见于头胎牛的前蹄和经产牛的后蹄！

### ■ *声调和人-牛互动*

奶牛对声调和肢体语言的反应很明显。它们更喜欢口哨声或高音调的声音，就向我们与孩子说话时的声音。当牧场工人使用攻击性或威胁性的声音或行为时，会发现奶牛不愿进入挤奶厅。如果改变这种声调或者行为模式，奶牛需要3～4周的时间以改变其行为适应这一变化，但可提高奶牛进入挤奶厅的速度。人与牛之间的关系和评估方式是非常有趣的（124）。奶牛走到人旁1米以内的时间是常用于评估人-牛关系的1个指标。耗时越长，表明奶牛的恐惧反应越强。人类的消极行为，如喊叫、敲打、扭动牛尾巴和快速追击常会引起恐惧反应（牛缓慢地接近静立的人），同时血液中皮质醇含量升高。试验表明，人类的消极行为可使鸡的生长率降低、死亡率升高，使犊牛的死亡率升高，也可使奶牛跛行率升高、产奶量下降。在一项对30个澳大利亚放牧牧场的研究（125）中，采用积极行为（如缓慢走动、语气轻柔、轻轻拍打、不用猎犬驱赶）对待奶牛时，对产奶量的影响达20%。其他研究也表明，温和地对待奶牛可减少跛行的发生。

### ■ *潮湿的环境和泥泞*

牛蹄长期浸在粪污内会增加跛行的风险。这是因为：

• 粪污的水分含量高，湿润的角质比干燥的角质更软。

• 粪污过多可使蹄皮炎的发病风险增加。通过将牛蹄在粪污中连续浸泡7～10天才能实现蹄皮炎的试验性感染。

• 粪污会侵蚀蹄踵角质，导致蹄尖上翘，发生蹄底溃疡的风险升高。

蹄部周围环境潮湿可导致蹄壳快速软化。我们都知道，剪指甲最容易的时候是洗澡后而非洗澡前！过于拥挤的环境会降低躺卧时间（105），尤其是当卧床太小且不舒服时，并且会增加粪道上粪污的蓄积量。正常角质含水量约15%，但长期站立在粪污中时，蹄角质含水量可升高一倍。这使蹄壳更软，修蹄更加容易！

大量蓄积的粪污可使蹄踵坏死和蹄皮炎的发病率升高（13），尤其是当奶牛饲养于通风不良、饲养密度大、活动区域少的牛舍时。有人提出，蹄皮炎的发展可能是由于厌氧环境。因此，粪道应该每天至少清理2次，以免粪污蓄积。每周在卧床上铺撒1～2次熟石灰，有助于预防乳房炎（图6.23），当然也会使蹄壳变得干燥而坚硬（16）。另外，石灰能够杀灭垫料中的蹄皮炎致病病原，使跛行率下降。如前文所述，当奶牛前躯站在卧床上、后躯站在粪道内时，从卧床表面滑落到粪道内的垫料（图6.22）既可对牛蹄起到缓冲作用，又有助于牛蹄保持干燥，任何饲养方式都有一些奶牛表现出这种行为。

### ■ *自动刮粪板和水冲清粪*

人们可能会认为，使用自动刮粪板可以定时清除粪道内的粪污，有利于奶牛蹄部的健康。但有几个研究（6，64）表明，在使用拖拉机每天清粪2次的牧场，跛行率更低。自动刮粪板运行时，是因为其前部大量粪污会使一部分奶牛的蹄部被污染（图6.33），还是因为刮粪板可清理掉卧床上滑落的垫料，尚不清楚这是否是比用拖拉机清粪方式的牛群跛行率更高的原因。也许仅因为在使用刮粪板的散栏式牛棚，粪道更窄、卧床后部的坎墙更低。水冲清粪系统（图6.34）可使跛行率升高，尤其是蹄皮炎导致的跛行，可能因为这种清粪方式使奶牛蹄壳长时间保持潮湿状态，或因为废水循环利用使之成为蹄皮炎的感染源。

图6.33　使用自动刮粪板可使跛行率升高。可能是因为刮粪板前大量的粪污，或滑落在卧床下的少量垫料被清理所致

图6.34　使用水冲清粪系统可使跛行率升高，可能与牛蹄更潮湿有关

### ■ *粗暴处理*

当奶牛自然移动时，例如挤奶完毕后沿着通道走回牛舍时，通常会低着头走路，双眼注视两前肢即将踏出的位置，后肢随之自然向前（图6.35）。奶牛需要保持头部低垂，在观察其即将落步位置的同时，还用余光观察周围可能出现的突发情况以便及时做出反应。例如，如果奶牛的前蹄落在石头上，它会抬头以减轻前肢的负重；如果后肢落在石头上，或后蹄疼痛，它会低头以减轻后肢负重。

有时奶牛会以小群（4～6头）的方式，在头牛的带领下前行（28）。当头牛停下来的时候，群内的其他奶牛也会停下来，头牛会不停地摇动头部，警告其他奶牛不要超越它。老牛、病牛、跛行牛和身体较弱的牛一

图6.35　奶牛行进时更喜欢走路边，因为路边更松软

般会走在队伍的最后。后部的奶牛对牛群的行进速度影响有限，因为这些牛必须等地位高的牛先走。理想状态下，改善牛群行进速度的最佳方法是让牛走在其感觉舒服的通道上。这样可使奶牛快速前进。

研究（30）表明，如果用拖拉机或猎犬驱赶，奶牛会在通道内快速奔跑，不会寻找或将牛蹄放在“喜欢的位置”，使牛群的跛行率升高。因此，温和地赶牛十分重要，这样可避免不良路面造成的不适，让它们将蹄部落在最舒适的位置。如果赶牛的员工没有耐心，快速驱赶奶牛前行，会使跛行牛以及将发展为跛行的牛快速向前，造成牛群后部拥挤不堪，奶牛无法在前行过程中观察地面。这种行为不仅影响奶牛福利，还会使跛行率升高。

## 通道和放牧牛群

与舍饲牛群相比，放牧牛群常面对多种不同的挑战。一般情况下，放牧牛群的群体较大，也就意味着其等待挤奶时站立的时间更长。条件允许的情况下，尽量安排1人将牛群慢慢赶到待挤区，同时另1个人在奶台挤奶。目前，有些牧场装有可设定开关时间的自动门，奶牛可自行进入待挤区，员工只需去驱赶最后几头奶牛即可。挤奶后，可尝试让奶牛自行走回牛舍，无需待全部奶牛挤奶完毕后一起返回。这样可减少站立时间，从而降低跛行率。前文已对温和对待奶牛的重要性进行叙述，在此不做赘述。

赶牛通道的设计非常关键。许多研究表明，长时间行走在粗糙的碎石路面上，奶牛更容易发生跛行，尤其是白线病。在英国，这种情况在夏季非常普遍（88,90）。人们认为，这是由于蹄壁磨损到与蹄底齐平，继而蹄底磨损得过薄，最终导致蹄底与蹄壁在白线处裂开。如果不加限制，牛群在放牧的草地与奶厅间可自行走出通道。如图6.35所示，我们可通过观察牛群的蹄印和所在区域来了解奶牛喜欢行走的路面，奶牛蹄印多在相对柔软的路肩或路两侧，而非坚硬的道路中央。

我们对赶牛通道的认知多来源于新西兰和尼尔·切斯特顿的观察性研究，下述的“通道规则”就是采纳自他的建议。对于通道，最重要的就是保证舒适性和排水通畅，以便于奶牛快速行进。

1.高度。通道要高出两侧放牧草地，但不要在通道两旁挖土铺垫，可先铺100～150毫米厚的路基，然后在路基上铺路面。

2.路面。通道路面最好使用相对柔软的石料，可用石灰石或同类材料压实作为路面。如果紧密压实，可排出内部的空气，雨水不会渗漏到内部，路面也可使用更长时间。

3.拱度。从通道的中间位置到两侧路肩，坡度不超过5%。如果坡度超过5%，奶牛会不舒服，外侧趾会像上坡那样发力，会增加跛行。

4.宽度。通道至少要宽5米。如果牛头数超过400头，需要6～6.5米宽。这样可使牛群行走速度达到每小时3千米。

5.行进距离。从放牧草场至奶厅的单程距离不要超过1千米。在新西兰，如果奶牛的行走距离超过1千米，有些牧场调整为每天挤奶1次。新产牛在产犊后2～3周内要放养在离挤奶厅最近的草场，直至其蹄骨的活动性恢复正常。

如图6.36和图6.37所示，曾有牧场在拖拉机行驶的混凝土或砂石公路旁建造了奶牛专用通道。这种通道的建设和维护成本很高，尤其在潮湿多雨季节，现已基本弃用。沟宽1米，深0.3米，底部铺设一层公路用渗漏膜。排水管道紧贴沟底铺设，然后用大块碎石填充槽沟，上层最好用小块砂石铺垫。然后覆盖第二层耐磨的土工膜，膜的边缘用土壤覆盖固定。最后，在表面铺上一层50～100毫米厚的碎树皮或木屑。

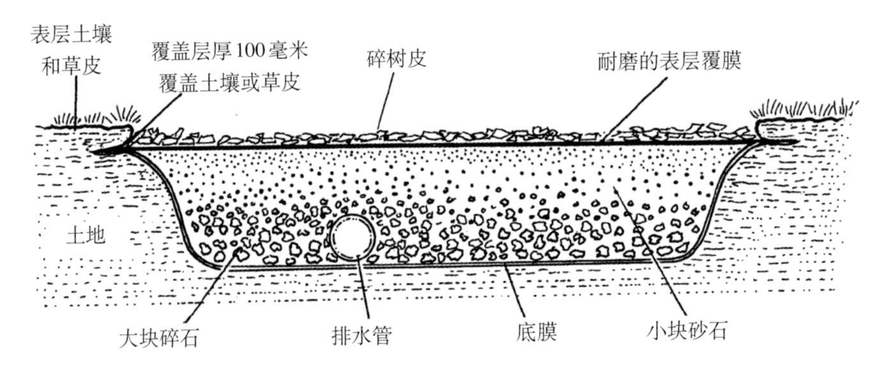


图6.36　排水通畅且舒适的通道可加快奶牛的行进速度并减少跛行。这种通道设计曾经很流行，但由于建设和维护的成本很高，且排水不畅，现已很少使用

图6.37　奶牛专用通道

虽然通道仅宽1米，奶牛只能单列行走，但这种通道非常舒适，因此奶牛的行进速度很快。总体来说，奶牛在这种通道上的行走比从可排成3～4列的碎石路面通道上耗时更短。这种通道有助于减少蹄底损伤，对新产牛尤为重要。尽管这些通道设计方式曾经很流行，但需要经常维护，且维护成本很高，所以现在更常用压实的石灰石或同类软石路面（图6.38）。

奶牛不喜欢在水中行走，所以通道两侧的排水要通畅。通道要高出地表，且有一定拱度以利于水从两侧排出。排水不畅及其所致的积水是一个常见问题。因此，在建造路基时要使用带有振动辊的压路机。通道表面可以铺25毫米厚的矿灰并压实，也可与水泥混合后再铺，以改善路面，如图6.38所示。

图6.38 这条压实的石灰石路面通道有一定拱度，以确保排水通畅。一旦有水蓄积，路面会出现破损

如果通道两侧有树篱或灌木丛，应定期修剪，以使奶牛能够充分利用通道的宽度，并降低形成积水区域的风险。在压实的石料路面通道与挤奶厅的混凝土通道交界处，混凝土通道至少要高于石料路面通道100 毫米，以免石子被牛带入混凝土通道。

当奶牛在柏油路面或混凝土路面上行走时（图6.39），应定期清扫通道，以清除表面的石子。薄/软蹄底的奶牛踩在坚硬的混凝土表面的石子上，会造成蹄底挫伤。

确保通道不要太陡，奶牛特别不喜欢在陡坡上行走。如果通向草场的通道很陡，通常需要重新设计成一个缓坡。通道也可用混凝土铁路轨枕铺设，轨枕间交界处均可保证奶牛上下坡时有良好的抓地力。这种方式的优点是，如果将来需要，可将轨枕移走，且轨枕间的空隙会有利于排水。也可使用牛用地毯，有些农场将废旧帐篷铺在凹凸不平的通道出口，现在人们对使用废橡胶制品建造通道很感兴趣。如果可能的话，奶牛、拖拉机和其他车辆的通道都应分开，因为后者会损坏通道的路面。如果通道要跨过桥梁，例如在铁路或溪流上，请确保桥梁护栏没有缝隙，奶牛走在桥上时，没有缝隙的护栏可避免奶牛看到两侧的落差，避免在通过时有恐惧感。

图6.39 请注意图中奶牛在通道上缓慢行进时的姿势，低着头，只有1～2头并排，确保其周围有足够的空间。虽然后方有一条猎犬，但并未驱赶奶牛

### ■ *橡胶垫*

近年来，尽管没有充分证据表明牧场铺设橡胶垫的优势，但人们对此的兴趣仍日渐增加。图6.40显示在混凝土通道表面铺设橡胶垫后，奶牛更喜欢走在上面。瑞士的研究表明，如果牛群密度比较低，奶牛会选择在铺设橡胶垫的待挤区和通道上行走（10）。

如果牧场决定使用橡胶垫，最好铺在奶牛站立时间最长的区域，即采食通道（参见前文中时间分配部分）。其次，将橡胶垫铺在从牛舍到挤奶厅的通道上，或待挤区，这样可使橡胶垫发挥最大功效。图6.41为一个商业化牧场，在采食通道铺设了橡胶垫（采石场旧传送带），铺设的面积占采食通道的一半，使奶牛采食时只能站在橡胶垫上。在过去十年，牧场每天用拖拉机清理采食通道2次，橡胶垫对清理粪污没有影响，也没变得很滑。但橡胶垫变形导致大量积水，使蹄壳软化，奶牛易发蹄皮炎和腐蹄病。

如图6.42所示，在奶台上铺设橡胶垫也越来越流行。一个研究（154）报道，在奶台上铺设橡胶垫后，奶牛进出奶台的速度显著提高，从而提高了挤奶效率，降低了总的站立时长。跛行的奶牛在奶台上更加安静，因其感到更舒适。而且，铺设黑色的橡胶垫，使验奶环节更容易发现临床乳房炎患牛。尽管现场试验没得出跛行率下降的结论，但试验表明，在橡胶垫上行走的奶牛，蹄壳角质比在混凝土地面上行走的奶牛更好（101），而且奶牛的步态更加自然（95）。

图6.40 自发地走在橡胶垫上的奶牛（K. Burgi）

图6.41 在奶牛站立时间最长的区域（如采食通道）铺设橡胶垫

图6.42 在奶台上铺设橡胶垫，可使奶牛更愿意进入奶台挤奶

## 蹄壳过度磨损

站立时间过长和运动量不足会导致蹄部的血流量下降，不利于奶牛蹄部健康；行走

距离过长会导致蹄底过度磨损。蹄底厚度不足5毫米时，蹄底角质较软且容易发生挫伤。这种薄/软蹄底综合征可能是导致头胎牛跛行的常见原因之一，也可能是转入散栏牛舍饲养的头胎牛和青年公牛发生跛行的常见原因之一（参见第五章蹄尖溃疡和薄/软蹄底综合征部分）。检查奶牛的蹄底时，可用大拇指按压感觉到蹄底非常柔软。注意图5.57中奶牛的蹄壁磨损程度，该牛完全由蹄底负重，导致蹄底出血和开裂。有时还会并发白线感染，尤其常见于蹄尖处，最终导致蹄尖坏死（图5.58）。

公牛频繁采精可导致后蹄过度磨损，再加上不愿使用卧床（因为它们的体型较大），常导致跛行。因此，散栏式饲养的奶牛群中混养的公牛最好有铺垫了稻草的运动场供其休息，理想的方式是混群饲养和单独饲养各占12小时。澳大利亚曾报道，在繁殖季节开始时，公牛混入母牛群前，在其8个趾上都黏上木质蹄垫，可改善其蹄壳磨损的问题！

如果头胎牛的两指（趾）蹄底均较软，应将其饲养于铺有褥草的运动场中2～4周。如果仅有一指（趾）的蹄底较软，可考虑使用蹄垫或蹄鞋。评估头胎牛的时间分配，可为减缓蹄底磨损找到一些解决思路。不这样做，除可明显影响奶牛福利外，还会导致蹄底溃疡和蹄底刺伤的加剧。

在澳大利亚、新西兰和南美洲的大型放牧牧场，蹄底过度磨损和薄/软蹄底综合征也是一个常见问题。在产犊前，青年牛和干奶期奶牛可能会饲养于地面较软的待产圈；产犊当日，蹄角质生成量最低且蹄骨在蹄壳内活动幅度最大时，这些新产牛立即转入存栏达500头的牛群中，导致社交行为和站立时间增加。有时，这些牛必须在草场与挤奶厅间的坚硬路面上单程行走距离超过2千米，每天2次。无疑，这可造成蹄壳过度磨损和薄/软蹄底综合征，最终导致蹄尖溃疡（图2.27）和白线病。在潮湿的天气，蹄壳角质会更加柔软，磨损速度更快。

### 蹄壳磨损不足

若在有褥草或沙子的散放式牛舍中饲养，头胎牛的蹄壳可能磨损不足。如第三章所述，这可导致蹄壳角质过度生长（图3.9，图3.10和图3.13）、蹄尖和蹄骨上翘、疼痛、不适，易发蹄底溃疡。此外，在柔软地面（如有褥草的运动场）上饲养的头胎牛比在混凝土地面上饲养者蹄底更薄。显然，在混凝土地面上饲养的青年牛在产后对泌乳早期的环境应激抵抗力更强。

因此，怀孕青年牛的采食通道和水槽旁应用混凝土硬化地面，以确保这些区域更加干净，硬化面积要满足奶牛4个牛蹄能够全部自然站立于其上。这有助于蹄壳的正常磨损，另要注意轻微的损伤可刺激角质生长。如已观察到前蹄出现过度生长的情况，可在混凝土表面铺上少量沙子，以加快蹄壳的磨损速度。

当然，对于泌乳期奶牛也要考虑这一情况。如果采食通道表面有废青贮，奶牛长期站立其上可导致前蹄的角质过度生长。在保持采食通道清洁的前提下，每周铺上一些沙子，有助于维持正常蹄形。

### 干奶期奶牛和混凝土地面的完整性

众所周知，站立时间延长是导致跛行的风险因素之一。通常，奶牛在卧床中躺卧

1个小时后会站起排粪、排尿，然后再次躺卧。跛行的奶牛在橡胶垫卧床上站立的时间比在沙子垫料的卧床上更长。一项对围产期（产前16天到产后16天）奶牛的研究发现，产前16天的躺卧时间平均为每天13.5小时，在产犊当天降至10.6小时（155）。起卧次数骤增，产前16天平均每天起卧11.2次，在产犊前一天为17.7次，导致每次平均躺卧时间从71.8分钟降至36.3分钟。跛行的奶牛起卧次数更多。因此，有人建议围产期奶牛应饲养于铺有褥草的运动场中（使之更容易起卧），也许可将挤奶次数调整为每天1次，因为奶牛在这个阶段对疼痛更敏感。

有人认为，尽管不方便饲喂，但在干奶期将奶牛从混凝土地面转至草地上饲养更有利（74）。在草中行走有助于保持奶牛的蹄部清洁，蹄踵角质也能获得再生的机会，从而缓解蹄踵坏死和泥浆踵的影响。这不仅可改善蹄部健康状况，还有助于膝关节、飞节和骨盆外伤（图6.9，图6.43）的恢复。

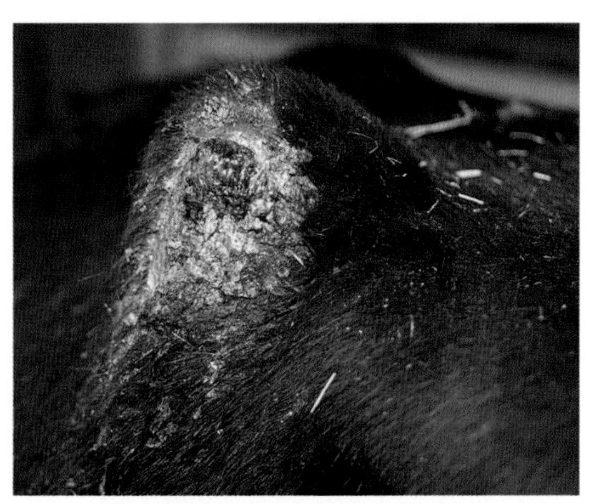

图6.43　髂骨翼骨折形成的疮，这是由卧床造成的损伤

如果天气条件不允许将干奶期奶牛饲养于草地上，可将其饲养于铺有褥草的运动场上，尤其是卧床较小不适合饲养体型较大和妊娠后期奶牛的牧场。然而，一项对英国50个牧场历经3年的调查性研究显示，干奶期饲养于散栏式牛舍的奶牛，比先在铺有褥草的运动场上、产犊后转至散栏式牛舍的奶牛跛行率更低（6），可能的原因为：

- 产犊前，奶牛饲养于混凝土地面上可使蹄底更厚，使其对产后的损伤和角质磨损的抵抗能力更强。
- 尤其是头胎牛，必须学会在光滑的混凝土地面上行走。头胎牛站立时两腿间距更宽（与正常间距对比），步幅更短。
- 奶牛产犊前饲养于混凝土地面的散栏式牛舍，产犊后能够更容易适应卧床。

相反，该研究还表明，如将怀孕青年牛与泌乳牛群混养，比和干奶期奶牛混养的跛行率更高。

## 毒素、育种、浴蹄和修蹄

### ■ *内毒素*

任何急性中毒性疾病都可导致角质生成速度减缓甚至短期停滞，这取决于疾病的严重程度。前面的章节中已对此做了详细论述，我们提到过这种情况可导致不同的蹄壁变化，表现为“苦难线”（图5.55）至蹄横裂（图5.53）。可导致内毒素血症的疾病包括急性乳房炎、急性脓毒性子宫炎、感光过敏和口蹄疫。然而，除了口蹄疫，其他疾病不太可能造成全群的跛行问题。因饲喂因素产生的细菌毒素已在本章的前面部分讨论，但其意义仍存在疑问。

■ *育种*

有些跛行问题具有遗传性，其对奶牛的影响主要表现在两个方面，一是奶牛的性情，二是奶牛的体型。胆小的奶牛更容易突然地快速走动甚至奔跑，会使蹄底与蹄壁分离，白线变弱。同样，这样的奶牛也很难有充足的休息时间。体型较大的奶牛品种可能更容易跛行，尤其是那些飞节较直、系部下沉（卧系）、球节靠近地面、蹄尖外向（X形腿）、蹄尖上翘和蹄角度较小的奶牛。此外，体型较大的奶牛更易发指（趾）间皮肤增殖（图5.78）。

蹄皮炎的遗传性已在第五章论述，其抗性基因位点已确定。

无论肢势还是蹄形，其遗传缺陷都会对跛行造成显著影响（74），因此选择与配公牛时要慎重。在图3.3中已给出蹄部尺寸的参考值，但不能忽视个体差异。就遗传力而言，蹄形比肢势更重要。通常，人们认为很多肢势异常都是由于蹄病造成的，而非蹄病的诱因。例如，奶牛在行走时呈外八字可能是因为蹄角质过度生长所致。然而，直飞节或曲飞节可导致跛行，飞节的理想角度是100°～150°（74）。

■ *浴蹄*

在本书第五章蹄皮炎部分已详细讨论过浴蹄，在此再次提及，是为了强调其对控制跛行极其重要。很多人（17，74）推荐舍饲牛每天应浴蹄2次，是预防跛行理想措施。

常规消毒性浴蹄可有效预防蹄皮炎和其他感染性蹄病。主要有以下几方面的益处：

• 可以对指（趾）间隙进行消毒，有助于预防感染性疾病，如蹄皮炎和腐蹄病。

• 可降低指（趾）间皮肤增殖（皮肤增殖，参见第五章）的发病率。

• 消毒蹄踵，降低泥浆踵或蹄踵坏死的发病率，防止此类疾病导致蹄踵下沉。

• 能够清洁和消毒蹄部，加快在治疗蹄底溃疡和白线病后暴露出的真皮愈合速度。

• 对于非愈合性蹄病，如蹄尖坏死，具有重要的防护作用。近年来，非愈合性蹄病已成为实施截指（趾）术治疗的主要指征。

■ *修蹄*

最后，我们以修蹄这一控制跛行的重要措施来结束本书。虽然公认常规修蹄有益于奶牛健康，但令人惊讶的是，对此的客观研究证据有限。

一项研究通过步态评分或活动评分（参见第一章所述）每周评估奶牛的步态。1分为步态正常，5分为严重跛行。结果发现，在同一个牛群中，经历过修蹄的奶牛比未经历修蹄的奶牛步态更好（步态评分更低），其跛行率也更低。研究结果见表6.4（74）。蹄角度大和蹄前壁短的奶牛步态更好，跛行率更低。

斯堪的纳维亚（北欧）的另一研究也发现了相似的结果（156）。尽管如此，仍然有深入研究的空间。一项英国的研究，测量了萨默赛特地区奶牛场的2 000个牛蹄（32），发现其中75%为蹄壳过度生长或变形蹄，指（趾）的大小差异很大。然而，过度修蹄会对奶牛造成不良影响，尤其是将蹄底修得过薄时（48）。随着人们越来越重视对跛行奶牛的早期识别并及时有效的治疗，未来的趋势可能是让牛蹄保持更大并更多通过重建蹄底负重面的方式延缓蹄病的发展。

今后，奶牛蹄部护理将是牛群管理的要点之一，也将在养殖者的日常工作中越来越重要。应该重点关注跛行牛的早期发现和治疗。随着蹄皮炎在澳大利亚和南美洲的放牧牛群中广泛流行（157），本人预计对于舍饲奶牛每天2次浴蹄将会普及。

表6.4 修蹄对跛行的影响。修蹄后的奶牛比未修蹄的奶牛步态更好，跛行率更低，患蹄底疾病更少（74）

| | 修蹄 | 未修蹄 | 差异度 |
|---|---|---|---|
| 步态评分* | | 1.52 | 1.8** |
| 跛行牛数量 | 10 | 15 | NS |
| 有跛行临床表现的病例数 | 23 | 54 | *** |
| 跛行症状持续周数 | 2.30 | 3.43 | ** |
| 蹄底疾病 | 17 | 45 | *** |

注：*分值越高，表明跛行越严重。**表示$p < 0.01$；***表示$p < 0.001$；NS表示$p > 0.05$。

# 附录

## 跛行的影响因素概要

研究跛行时，应考虑如下因素。

### 分娩前后的护理：

这是跛行的主要应激源，奶牛产后需要逐步适应环境。

• 饲养环境的适应。例如，头胎牛卧床使用训练。在青年牛产犊前要训练其在混凝土地面上站立，通过训练使其尽快适应坚硬的地面和学习如何在光滑的地面上行走。

• 牛的群体性适应。例如，将青年牛在产前与干奶期奶牛混群饲养，以便其熟悉牛的群体性。

• 营养的适应性。在产犊时维持奶牛适宜的体况（BCS 2～3），并尽可能使其产后少失重，确保指（趾）枕厚度和功能正常，以降低蹄底溃疡和白线病的发病风险。

• 其他辅助管理措施。下面是降低牛群内争斗风险的措施：

• 青年牛转群时以小群为单位。

• 用苹果醋喷洒在牛背上，避免争斗。

• 夜间转群。

### 减少奶牛站立时间（以减少蹄部损伤）：

• 合理的产犊及产后护理（参见上文）。

• 优化卧床尺寸和舒适性。

• 牧场设计和建设时，确保通道有足够的宽度。

• 以卧床数量为基础，维持90%的饲养密度。

• 调整挤奶顺序和工作流程，以确保奶牛在等待挤奶和挤奶期间站立的时间最短（见时间分配部分）。

• 确保连接通道间的过道足够宽敞，以提高奶牛通过率。

• 为奶牛提供充足的采食空间以减少站立时间并避免采食竞争。每头奶牛最少应有0.6米的采食空间，0.8米/头更佳。

• 工作人员要从牛的后面而非前面进入待挤区，确保挤奶厅的快速运转。

• 抗热应激处理。

### 地面防滑处理，不能对牛造成损伤：

• 注意粗糙和破损的混凝土地面。

• 对光滑的混凝土地面做防滑处理。

• 确保奶牛按照自己的节奏行走。

• 设计合理的通道，使牛群能够舒适、快速、轻松地进出牛舍。

• 确保奶牛流动时不涉及尖角转弯，特别是在牛群向同一方向行进时。

• 可以考虑使用橡胶垫。

维持理想的蹄部卫生：

• 确保卧床间的通道和采食通道宽度足够（例如，设计宽度分别为4米和5.5米）。

• 定时清理通道的粪污。

• 避免使用自动清粪系统。

• 提供充足的垫料，允许一些垫料落入通道，从而为奶牛提供更柔软、更干净和更干燥的行走区域。

• 避免水槽周围湿滑和形成泥坑，要做好水槽的排水并对水槽周围地面多加关注。

• 尽量减少奶牛的站立时间。

• 定期浴蹄，如每天2次。

# 中英文词汇对照表

| A | |
|---|---|
| abaxial wall | 远轴侧壁 |
| aetiology | 病因学 |
| *Allisonella histaminiformians* | 产组胺亚利氏菌 |
| amputation | 切断术 |
| anterior wall | 前壁 |
| dishing of | 凹陷 |
| anti-inflammatory drugs (NSAIDs) | 抗炎药（非甾体类抗炎药） |
| antibiotics | 抗生素 |
| automated scrapers | 自动刮粪板 |
| axial wall | 轴侧壁 |
| fissures | 裂 |
| lesions | 损征 |
| removal | 去除/切除 |
| **B** | |
| backing gates (crowd gates) | 驱赶门 |
| golden rules | 金标准 |
| bacterial endotoxins | 细菌内毒素 |
| *Bacteroides melaninogenicus* | 产黑色素拟杆菌 |
| basement membrane | 基底膜 |
| bedding – *see* cubicle bedding behaviour | 垫料——参见卧床垫料行为 |
| belly band | 腹带 |
| biotin | 生物素 |
| blocks | 蹄垫 |
| nail-on rubber blocks | 用螺丝钉固定的橡胶蹄垫 |
| plastic protective shoes | 塑料蹄鞋 |
| PVC shoe PVC | 蹄鞋 |
| wooden | 木蹄垫 |
| breeding – *see* genetics | 育种——见遗传 |
| broken toe | 蹄踵裂 |
| bruising | 挫伤 |
| **C** | |
| calving | 分娩/产犊 |
| changes at | 分娩时的变化 |
| changes in diet | 日粮变化 |

| | |
|---|---|
| changes in pedal bone suspension | 蹄骨支持结构的变化 |
| damage to | 损伤 |
| digital cushion | 指（趾）枕 |
| dysfunctions | 功能障碍 |
| laminar | 小叶 |
| papillary | 乳头 |
| pinching of | 压迫，挤压 |
| summary | 小结 |
| toxins/diet | 毒素/日粮 |
| corns – *see* interdigital skin hyperplasia | 鸡眼——见指（趾）间皮肤增殖 |
| coronary band | 蹄冠带 |
| costs of lameness | 跛行的损失 |
| cow tracks | 奶牛通道 |
| camber | 拱形 |
| drainage | 排水系统，下水道，排污 |
| height | 高度 |
| soft surface | 软表面 |
| steepness | 陡度 |
| surface materials | 表面材料 |
| walking distance | 步行距离 |
| width | 宽度 |
| Cowslips | 蹄鞋 |
| crowd gates – *see* backing gates | 驱赶门 |
| cubicle | |
| cantilever | 坎墙 |
| bedding | 卧床垫料 |
| design/dimensions | 设计/尺寸 |
| heifer training | 头胎牛训练 |
| cud regurgitation | 逆呕，吐草团 |
| culling rates | 淘汰率 |
| D | |
| DairyCo UK | 英国DairyCo公司 |
| debraiding | 清除 |
| deep pedal fenestration (coring) | 蹄骨深部开窗术 |
| deep pedal infections | 蹄骨深部感染 |
| drainage tube | 引流管 |
| treatment | 治疗 |
| dermis (corium) | 皮炎（真皮） |
| diet – *see* nutrition | 日粮——见营养部分 |
| digital cushion | 指（趾）枕 |
| digital dermatitis | 蹄皮炎 |
| bacterial cause | 细菌性因素 |
| environmental factors | 环境性因素 |
| environmental hygiene | 环境卫生 |
| immunity | 免疫 |
| non-healing lesions | 非愈合性损伤/病灶 |
| preventive foot-bathing | 预防性浴蹄 |

| reservoirs of infection/mode of transmission | 感染源/传播方式 |
| --- | --- |
| toe necrosis | 蹄尖坏死 |
| treatment | 治疗 |
| digital skin disorders | 蹄部皮肤病变 |
| digital dermatitis | 蹄皮炎 |
| foul in the foot | 腐蹄病 |
| heel erosion/slurry heal | 蹄踵糜烂/泥浆踵 |
| interdigital corns/growths | 指（趾）间增殖 |
| mud fever | 泥浆热 |
| superfoul | 超级腐蹄病 |
| dishing | 凹陷 |
| disinfectants | 消毒剂 |
| copper sulphate | 硫酸铜 |
| formalin | 福尔马林 |
| zinc sulphate | 硫酸锌 |
| dorsal wall | 蹄前壁 |
| dressings | 包扎 |
| E | |
| endotoxins | 内毒素 |
| environmental factors | 环境因素 |
| drinking/socialising | 饮水/社交 |
| lying times | 躺卧时间 |
| standing times/time budgets | 站立时间/时间分配 |
| environmental hygiene | 环境卫生 |
| enzymes | 酶 |
| epidermis (hoof) – *see* hoof | 表皮（蹄壳）——见蹄壳 |
| erosive sores | 糜烂性疮 |
| extensor tendon | 伸肌腱 |
| F | |
| fat pad thickness | 脂肪垫厚度 |
| fat in diet – *see* nutrition | 日粮中的脂肪——见营养部分 |
| feed barrier design | 饲槽围栏设计 |
| feeding – *see* nutrition | 饲喂——见营养部分 |
| fertility | 繁殖 |
| fibre in diet – *see* nutrition | 日粮中的纤维——见营养部分 |
| fibromas – *see* interdigital skin hyperplasia | 纤维瘤——见指（趾）间皮肤增殖 |
| files | 蹄锉（原文中为file） |
| flexor tendon | 屈肌腱 |
| flood wash | 水冲（清粪） |
| flooring | 地面 |
| comparisons of bedding materials | 卧床垫料对比 |
| concrete | 混凝土 |
| non-slip/trauma free | 防滑/无损伤 |
| rubber mats | 橡胶垫 |
| sand-beds | 沙床 |
| straw bedding | 秸秆垫料 |
| straw yards | 垫了秸秆的运动场 |

| | |
|---|---|
| foot rot – *see* interdigital necrobacillosis | 腐蹄病——见指（趾）间坏死杆菌病 |
| foot structure | 蹄结构 |
| anterior aspect (anterior wall) | 蹄前壁 |
| bones | 骨 |
| changes in pedal bone suspension | 蹄骨支撑结构的变化 |
| claws | 指（趾） |
| corium | 真皮 |
| hoof | 蹄壳 |
| hoof disorders | 蹄病 |
| metabolic changes | 代谢变化 |
| posterior aspect | 尾侧/后侧 |
| toxins and diet | 毒素和日粮 |
| trauma | 创伤 |
| foot trimming – *see* hoof trimming | 修蹄 |
| foot-baths | 浴蹄 |
| antibiotic solution | 抗生素溶液 |
| disinfectants | 消毒剂 |
| preventive | 预防性 |
| foreign-body penetration of sole | 蹄底异物 |
| formalin | 福尔马林 |
| foul in the foot – *see* interdigital necrobacillosis | 腐蹄病——见指（趾）间坏死杆菌病 |
| *Fusobacterium necrophorum* | 坏死杆菌 |
| G | |
| Gait | 步态 |
| genetics | 遗传学 |
| gloves | 手套 |
| granulation tissue | 肉芽组织 |
| granulomas – *see* interdigital skin hyperplasia | 肉芽肿——见指（趾）间皮肤增殖 |
| grazing herds | 放牧牛群 |
| grinding tools – *see* hoof trimming equipment | 角磨机——见修蹄工具 |
| growths – *see* interdigital skin hyperplasia | 生长——见指（趾）间皮肤增殖 |
| H | |
| hairy warts | 毛疣 |
| handling of cows | 奶牛的处理 |
| hardship lines | 苦难线 |
| heat stress | 热应激 |
| heel | 蹄踵 |
| heel erosion | 蹄踵糜烂 |
| heel necrosis (slurry heel, heel erosion) | 蹄踵坏死（泥浆踵，蹄踵糜烂） |
| heel ulcer | 蹄踵溃疡 |
| heifers | 后备牛/头胎牛 |
| digital cushion of | 指（趾）枕 |
| integration | 聚集 |
| soft soles | 薄/软蹄底 |
| heritability of hoof conformation | 蹄形的遗传力 |
| Highland cattle | 高地牛 |
| Histamine | 组胺 |

| | |
|---|---|
| hock sores | 飞节损伤 |
| hoof conditions | 蹄部状况 |
| axial wall fissures | 轴侧壁裂隙 |
| deep pedal infections | 蹄骨深部感染 |
| foreign-body penetration of the sole | 蹄底异物 |
| fracture of pedal bone | 蹄骨骨折 |
| horizontal fissure | 横裂 |
| non-healing lesions | 非愈合性损伤/病灶 |
| non-healing wall/sole lesions | 非愈合性蹄壁/蹄底损伤 |
| sole haemorrhage (bruising) | 蹄底出血（挫伤） |
| sole ulcer | 蹄底溃疡 |
| thin sole syndrome | 薄/软蹄底综合征 |
| toe necrosis | 蹄尖坏死 |
| toe/heel ulcers | 蹄尖/蹄踵溃疡 |
| vertical fissure/sandcrack | 纵裂/砂裂 |
| white line disorders | 白线病 |
| hoof (epidermis) | 蹄壳（表皮） |
| disorders | 病 |
| growth and wear, factors influencing | 生长和磨损，影响因素 |
| heel | 蹄踵 |
| periople | 釉质，蹄外膜 |
| sole | 蹄底 |
| wall | 蹄壁 |
| white line | 白线 |
| hoof lesion treatment | 蹄病治疗 |
| benefits of early/effective treatment | 早期/有效治疗的益处 |
| blocks | 木质蹄垫 |
| dressings | 包扎/敷料 |
| topical products | 外用/局部使用的产品 |
| hoof overgrowth | 蹄角质过度生长 |
| at the toe | 蹄尖部 |
| disparity of claw size | 指（趾）的大小悬殊 |
| of the sole | 蹄底 |
| hoof wear | 蹄壳角质磨损 |
| inadequate | 不足 |
| increased | 过度 |
| hoof-paring | 修蹄（打磨） |
| hoof-trimming | 修蹄 |
| drying-off stage | 干奶时 |
| equipment needed | 所需设备 |
| general considerations | 总则 |
| restraint of cow | 奶牛保定 |
| technique | 技术 |
| timing | 定时 |
| hoofase | 蹄酶 |
| horizontal fissure | 横裂 |
| hormones | 激素 |
| horn tubules | 角质小管 |

| housing systems | 牛舍结构 |
|---|---|
| clean/dry | 干净/干燥 |
| collecting yards | 待挤区 |
| cubicles | 坎墙 |
| escape routes | 逃逸通道 |
| floor surfaces | 地面 |
| overcrowding/loafing areas | 密度过大/活动区 |
| rubber mats | 橡胶垫 |
| ventilation/heat stress | 通风/热应激 |
| width of passage | 通道宽度 |
| human-animal interrelationships | 人-牛互动 |
| I | |
| Infections | 感染 |
| immune responses | 免疫反应 |
| interdigital dermatitis – *see* digital dermatitis | 指（趾）间皮炎——见蹄皮炎 |
| interdigital necrobacillosis (foul, foot rot, lewer, claw ill) | 指（趾）间坏死杆菌病（腐蹄病） |
| interdigital skin hyperplasia (granulomas, fibromas, corns, growths, tylomas) | 指（趾）间皮肤增殖 |
| interdigital space | 指（趾）间隙 |
| K | |
| keratin | 角蛋白 |
| knives | 蹄刀 |
| L | |
| lactation | 泌乳期 |
| lamellae | 角质小叶 |
| lameness | 跛行 |
| assessing by locomotion/mobility scoring | 通过步态/运动评分评估 |
| causes/prevention | 病因/预防 |
| conditions associated with | 伴随状况 |
| costs of | 跛行造成的经济损失 |
| effect on health | 跛行对健康状况的影响 |
| incidence | 发病率 |
| pathogenesis | 发病机制 |
| prevalence | 流行率 |
| quantifying financial costs | 量化经济损失 |
| treatment | 治疗 |
| laminae | 小叶 |
| llaminitis – *see* coriosis/laminitis | 蹄叶炎——见蹄真皮炎/蹄叶炎 |
| lesion | 损征，病灶 |
| lewer – *see* interdigital necrobacillosis | 见指（趾）间坏死杆菌病 |
| loafing areas | 活动区 |
| locomotion/mobility scoring | 步态评分 |
| moderate lameness | 中度跛行 |
| severe lameness | 重度跛行 |
| soundness | 正常 |
| lying times | 躺卧时间 |
| M | |
| management factors | 管理因素 |
| automated scrapers/flood wash | 自动刮粪板/水冲清粪 |

| backing gates (crowd gates) | 驱赶门 |
| --- | --- |
| human-animal interrelationships | 人-牛互动 |
| reaction to side pressure | 侧压反应 |
| rough handling | 粗暴对待/处理 |
| voice tone | 声调 |
| wet conditions/slurry | 潮湿的环境/泥泞 |
| mastitis of the foot – *see* digital dermatitis | 蹄部乳房炎——见蹄皮炎 |
| metabolic changes | 代谢变化 |
| metallomatrix proteinases (MMPs) | 金属基质蛋白酶 |
| methionine | 甲硫氨酸，蛋氨酸 |
| milking times | 挤奶次数 |
| mud fever | 泥浆热 |
| N | |
| nail-on rubber blocks | 钉子固定的橡胶蹄垫 |
| navicular bone | 舟状骨 |
| navicular bursa | 舟状骨黏液囊 |
| non-healing | 非愈合性 |
| hoof lesions | 蹄壳损伤，蹄壳疾病 |
| wall/sole lesions | 蹄壁/蹄底损伤 |
| nutrition | 营养 |
| B vitamin (biotin) synthesis | 维生素$B_7$（生物素）的合成 |
| changes in diet at calving | 产犊时的日粮变化 |
| cow condition | 奶牛体况 |
| dietary fat | 日粮中的脂肪 |
| dietary protein | 日粮中的蛋白 |
| feeding during rearing | 后备牛饲喂 |
| frequency of feeding | 饲喂频次 |
| milk yield | 产奶量 |
| over-mixing | 过度搅拌 |
| overeating | 过食 |
| role of | 营养的功能 |
| rumen acidosis | 瘤胃酸中毒 |
| SARA (sub-acute rumen acidosis) | 亚急性瘤胃酸中毒 |
| slug feeding | 不定时投喂 |
| zinc, sulphur, trace elements | 锌，硫，微量元素 |
| O | |
| oedema | 水肿 |
| P | |
| papillae | 乳头 |
| pathogenesis | 发病机制 |
| pedal bone | 蹄骨 |
| effect of toe overgrowth | 蹄尖过度生长的影响 |
| fracture of | 蹄骨骨折 |
| increased movement after calving | 产后活动性增加 |
| length of anterior wall | 前壁长度 |
| suspension of | 悬韧带，支持结构 |
| pedal joint | 蹄关节 |
| pelvic wing fractures | 骨盆翼骨折 |
| peracute footrot – *see* contagious ovine digital dermatitis | 超急性腐蹄病——见羊传染性蹄皮炎 |

| | |
|---|---|
| periople | 釉质 |
| phalangeal bones | 指（趾）节骨 |
| plastic protective shoes | 保护性塑料蹄鞋 |
| polyunsaturated fatty acids | 多不饱和脂肪酸 |
| *Porphyromonas asaccharolytica* | 不解糖卟啉单胞菌 |
| power tools | 电动工具 |
| *Prevotella* | 普雷沃菌 |
| PVC shoes PVC | 蹄鞋 |
| R | |
| Rearing – *see* heifers | 培育——见后备牛 |
| relaxin | 松弛素 |
| restraint of cow | 奶牛保定 |
| retro-articular abscess | 关节后脓肿 |
| rib fractures/swellings | 肋骨骨折/肿胀 |
| rough handling | 粗暴处理 |
| ruminal endotoxin | 瘤胃内的内毒素 |
| S | |
| sandcrack | 砂裂 |
| SARA (sub-acute rumen acidosis) | 亚急性瘤胃酸中毒 |
| side pressure reaction | 侧压反应 |
| skin disorders – *see* digital skin disorders | 皮肤病——见指（趾）的皮肤病 |
| slurry | 泥浆的 |
| slurry heel – *see* heel necrosis | 泥浆踵——见蹄踵坏死 |
| solar horn | 蹄底角质 |
| solar ledge | 蹄底角质突起 |
| sole | 蹄底 |
| foreign-body penetration | 刺入的异物 |
| increased hoof wear | 蹄壳过度磨损 |
| lesions | 损征 |
| overgrowth | 过度生长 |
| separation | 分离 |
| sole haemorrhage (bruising) | 蹄底出血（挫伤） |
| sole ulcer | 蹄底溃疡 |
| treatment | 治疗 |
| Spirochaetes | 螺旋体 |
| standing times | 站立时间 |
| minimising | 减少/最小化 |
| to be milked | 挤奶 |
| to feed | 采食 |
| stratum corneum | 角质层 |
| stratum germinativum | 生发层 |
| stratum granulosum | 颗粒层 |
| stratum lamellatum (laminae) | 真皮小叶层（蹄小叶） |
| stratum periostale | 骨膜层 |
| stratum spinosum | 棘细胞层 |
| stratum vasculosum | 血管层 |
| *Streptococcus bovis* | 牛链球菌 |
| subcutis | 皮下组织 |
| superfoul | 超级腐蹄病 |

| T | |
|---|---|
| teat necrosis | 乳头坏死 |
| tendons | 腱 |
| thin sole syndrome | 薄/软蹄底综合征 |
| time budgets | 时间分配 |
| TMR | 全混合日粮 |
| toe length | 蹄尖长度 |
| toe necrosis | 蹄尖坏死 |
| toe ulcer | 蹄尖溃疡 |
| toxins | 毒素 |
| trauma | 创伤 |
| Treponeme infections | 密螺旋体感染 |
| Trimming – *see* foot trimming | 修蹄 |
| tylomas – *see* interdigital skin hyperplasia | 胼胝——见指（趾）间皮肤增殖 |
| U | |
| udder sores | 裂坏疽性皮炎 |
| under-run heel | 蹄踵角质分离 |
| under-run horn | 角质分离 |
| V | |
| vascular system | 脉管系统 |
| ventilation | 通风 |
| vertical fissure | 纵裂 |
| voice tone | 声调 |
| W | |
| wall (of hoof) | 蹄壁 |
| wall ulcers | 蹄壁溃疡 |
| weight-bearing surfaces | 负重面 |
| welfare costs | 福利成本 |
| wet conditions | 潮湿环境 |
| white line | 白线 |
| abscess | 脓肿 |
| biotin | 生物素 |
| disorders | 病症，障碍 |
| lameness | 跛行 |
| lesions | 损征，病灶 |
| removing adjacent wall | 去除周围的蹄壁 |
| treatment | 治疗 |
| wooden blocks | 木质蹄垫 |
| Z | |
| zinc and lameness | 锌和跛行 |

参考文献与延伸阅读